Le monde du vivant

Florent Marchet

Le monde du vivant

roman

Stock

Photographie : © Éric Caravaca

ISBN : 978-2-2340-8996-9

Pour Aude
Pour Billie et Tristan

« Et puis un mal étrange s’insinua dans le pays,
et tout commença à changer. »

Rachel Carson,
Printemps silencieux

I

JUIN

1

Le mercredi midi, c'est son père qui vient la chercher à l'école. Elle n'aime pas ça. Jérôme, lui, s'en fout de sentir l'animal, l'étable, la fosse à purin. Il tient à avoir l'air d'un paysan.

Solène aperçoit son père : elle presse le pas, tête baissée, les joues rouges et les yeux qui vont nulle part. Ce matin, Le Yams a dit qu'elle était la fille la plus bonasse du bahut. Elle l'a entendu. C'était après la physique-chimie, dans la cour du haut, là où se trouvait le terrain de basket avant. Même si ça la dégoûte, ça lui fait quand même quelque chose.

Qu'elle est longue à traverser cette cour. Son pantalon slim bleu neige semble se confondre avec le goudron. Elle porte une marinière aux manches évasées, laissant apparaître sa brassière noire. Il fait si chaud qu'elle ne sent même pas l'air qui se faufile et caresse sa peau. Aux infos, ils ont annoncé des maximales à 38 °C. Elle franchit enfin les grilles vertes du collège. Son père est adossé à la portière. À l'arrière de la Clio, Gabin s'agite afin d'attirer l'attention de sa sœur. Il est fier comme un paon d'avoir dessiné une bite sur la vitre arrière pleine de poussière. Depuis sa rentrée au CE2, Gabin fait tout le temps le mariole mais ça n'amuse guère Solène. De même que ses grimaces lui semblent vaguement anxiogènes, elle l'a toujours trouvé un peu bizarre, comme s'il avait un pet au casque. Solène s'engouffre dans la voiture et balance à son père :

– Allez démarre, grouille !

– Tu me parles autrement, hein ? Je fais ce que je peux.

Jérôme prend sur lui. Depuis le début de l'adolescence de Solène, il n'arrive pas à maintenir le contact autrement. Après ça, le silence. Même Gabin paraît anesthésié par l'humeur de sa sœur. Il mordille sagement la sangle de la ceinture de sécurité. À travers les vitres, le paysage défile : les vieilles maisons aux façades grises du centre-ville, la queue à la boulangerie, les panneaux *À vendre* et les poids lourds qui mordent les trottoirs. Puis la grande maison bourgeoise des parents de Baptiste qui déclenche toujours chez Solène une accélération du rythme cardiaque. Sans oublier les ponts qu'il faut traverser, un nombre incalculable de ponts. Ici, quand la rivière quadrille une commune, on a vite fait de la baptiser *Venise verte* ou *Petite Venise*. On sait bien que c'est bidon. Notamment en ce moment où la rivière est à sec et l'air brûlant. Sortie du village. Une barre transversale rouge sur le panneau *Levroux* léché par des herbes hautes. Enfin, on aperçoit les champs, les balles de foin que Jérôme devra bientôt rentrer dans la grange. De la ferme, on ne voit que les toits rouges, la façade principale étant clôturée par d'immenses thuyas plantés quand ils ont emménagé. Avec un bâtiment en bord de route, Jérôme tenait à créer un peu d'intimité.

La voiture franchit le portail. Solène respire par la bouche : ces effluves de foin séché et de déjection bovine lui donnent la nausée. Jérôme claque la porte et lâche un souffle résigné, il fuit vers l'étable sans même regarder sa fille. Ses bottes font crisser le gravier. Derrière la fenêtre de la cuisine, Solène devine la silhouette de sa mère qui n'a toujours pas fermé les volets comme le demande son mari. La chaleur qui s'abat sur la cour est lourde comme une chape de plomb et, si l'on ne fait rien, elle pénètre partout dans la maison. Solène remarque un léger filet de sueur qui coule le long de son biceps. Elle renifle ses aisselles pour vérifier qu'elle ne sent pas la transpiration. Depuis quelque temps, la sueur, la salive et le sébum sont autant de productions du corps qui la répugnent. Vendredi dernier, pendant le sport, un bouton d'acné posté sur l'épaule d'Enzo l'a écœurée. Ce sera toujours moins pire que son père. Elle se demande comment fait sa mère pour supporter son odeur.

Solène pose son Eastpak sur le banc de la table en bois clair. Il y a du pin partout dans cette cuisine. Le lambris ceinture presque toute la pièce, souvenir des anciens propriétaires. On se croirait dans un chalet. Elle ne sait pas si elle doit trouver ça laid. Sa mère a déjà mis la table.

– Ça va, ma chérie ? Ça s'est bien passé ta matinée ? J'ai fait une salade de tomates et des haricots. Tu m'apportes la vinaigrette ?

– J'ai eu ma note en maths : 17. Dégoûtée. Une erreur à la con en plus.

– 17, c'est vachement bien. Tu m'allumes la radio pour les infos ?

Solène regarde sa mère avec admiration : tellement plus sortable que son père. Au moins, elle a pris la peine de se changer. Avec son pantalon bleu marine fuselé, son petit polo blanc et un léger foulard de soie noué autour du cou, elle ressemble aux notables du village. D'ailleurs, ils la considèrent presque comme l'une des leurs. L'été, ses jambes fines et musclées deviennent le long prolongement bronzé de son short en toile. Solène aime faire les boutiques avec sa mère, même si ce n'est pas très souvent. Son père n'accepte plus que les deux filles dépensent un centime dans les fringues. Il répète qu'ils sont à la gorge, que la sécheresse va les mettre K-O. Solène ne prend jamais au sérieux ces dramatisations quotidiennes. Elle se dit qu'il abuse. Et puis, c'est quand même lui qui les a conduits ici. C'est lui qui a plaqué son boulot d'ingénieur pour venir vivre à la campagne. Marion envoie son fils le chercher.

– Dis-lui que c'est prêt, on mange dans cinq minutes.

Jérôme a toujours mieux à faire quand il s'agit de passer à table : vérifier une clôture, changer les tubes de cardan, téléphoner à un restaurateur. Solène et sa mère sont déjà installées quand Gabin revient.

– Il dit qu'il arrive.

Marion sert la salade de tomates dans les grandes assiettes aux motifs vieillots. Gabin, qui a conservé son verre en plastique de quand il avait quatre ans, se fait une nouvelle fois chambrer par sa sœur. En fond sonore, le décompte métallique du *Jeu des 1 000 euros*. Quand Jérôme arrive enfin, Gabin en est déjà à sa crème vanille et Solène dépose ses couverts dans l'évier. Marion lui adresse une moue contrariée.

Arrivée dans sa chambre, Solène s'installe directement à son bureau et sort des cahiers de différentes couleurs ainsi qu'une trousse qui porte les mêmes motifs que son sac. Tout est impeccablement rangé. Les jouets ont disparu il y a peu, laissant place à un décor spartiate. Au mur, deux posters punaisés : un cheval noir, une rose rouge dans la gueule sur fond de végétation floutée. Il y a aussi le portrait d'un jeune homme aux dents plus blanches que le col d'un cygne, découpé dans le *Closer teen* de février dernier. Quelques livres et bibelots-souvenirs occupent l'étagère. Un vieil ordinateur trône sur le bureau en bois mélaminé.

Le mercredi, Solène fait non seulement les devoirs du lendemain mais elle prend de l'avance. Les épreuves sont dans une semaine. Avec 18 de moyenne sur les trois trimestres, elle sait d'ores et déjà qu'elle a son brevet. Il n'est cependant pas question de céder sa première place : alors elle révise, rabâche, imagine les pires scénarios pour se motiver. Depuis le début de la canicule, cette astreinte du mercredi est plus contraignante : difficile de résister aux séances de bronzage sur le gazon. Pour le moment, le soleil tape encore trop fort.

Lundi dernier, Margot lui a révélé la rumeur que Le Yams répand au collège : Solène profiterait de ses après-midi libres pour bronzer nue avec sa mère. C'est en passant devant la ferme à vélo, lors d'un entraînement avec son club, qu'ils ont tous vu, de leurs yeux vu, malgré la densité des thuyas, Solène et sa mère, le minou rasé et les jambes fines, dorées, bien écartées. Margot se mordait les lèvres en lui racontant ça, les mots s'entrechoquaient, comme si la rumeur n'était pas si infondée. Solène lui a répondu que c'était complètement délirant, qu'on avait autre chose à foutre dans une ferme. Mais elle n'a pas réussi à chasser les litres de sang venus se loger sur son visage.

Même si le bronzage intégral avec sa mère tient du fantasme, il lui est souvent arrivé d'ôter son haut de maillot quand ses parents sont aux champs. Elle déteste les marques qui lui rappellent celles de son père, au niveau du cou ou des bras, le fameux bronzage agricole qui trahit la souffrance du travailleur ou du cycliste. Le jour où elle sera prête, elle voudrait que Baptiste soit impressionné par sa peau uniformément cuivrée. Pour le moment, ne fréquentant pas les mêmes groupes et n'étant jamais dans la même classe d'une année sur l'autre, ils ne se sont pas beaucoup parlé. Quoi qu'il en soit, elle fait comme si aucun garçon ne trouvait grâce à ses yeux. Il y a presque deux mois, dans le bus scolaire, ils ont pourtant échangé des regards insistants. Ensuite, ils ont recommencé les samedis, au terrain de tennis. Mais Baptiste traîne toujours avec ce crétin de Dylan. Solène sort rarement de chez elle en dehors du collège, à part pour se rendre au club quand sa mère en a le temps. Ici, le tennis est encore perçu comme un sport élitiste. Les riches jouent à merveille aux riches, avec leurs shorts aux couleurs aussi vives qu'improbables. La plupart ne mettent d'ailleurs jamais les pieds sur le terrain et préfèrent, comme le docteur Faugère, marcher lentement le long du grillage en pantalon de toile rose et en chemisette prune. Les carrés Hermès se portent même en été avec des mocassins à glands et une large montre. Pour un médecin de campagne, c'est sans doute un minimum. Autour du terrain, les plus modestes ne sont pas en reste. Ils ont la chance de fréquenter les bourges et de s'imaginer en être l'espace de quelques heures. Solène est fière que sa mère ait accepté d'être trésorière du club. Par chance, son père n'y fout presque jamais les pieds, bien trop réservé. Il méprise surtout cette pseudo-élite qui n'occupe ce rang que grâce à son arbre généalogique. Pour lui, ce gratin avarié n'a aucunement hérité d'un patrimoine intellectuel. Il est juste là pour donner le coup de grâce à un vieux monde en déclin.

En attendant de parfaire la couleur de sa peau, Solène doit terminer au plus vite ses révisions sur la guerre froide. En bas, son père ferme les volets de la maison en grommelant. Elle l'entend ensuite héler du bas de l'escalier :

– Solène, tu penses aux volets de ta chambre, hein ?

Le soleil passe à présent entre les rainures des volets, scintillant par intermittence comme s'il s'agissait d'un jeu. Elle reste un bon quart d'heure avachie sur la chaise de son bureau pourtant peu confortable, rêvassant. Le bruit du moteur de la Clio agit comme un réveil. C'est sa mère qui revient du tennis. Elle se ressaisit, redresse son livre d'histoire : le bloc soviétique, le pacte de Varsovie, l'OTAN. Solène a une facilité déconcertante pour apprendre, digérer et recracher des sujets qui ne la passionnent pas. Dimanche dernier, pendant le dîner, quand elle a évoqué son cours d'histoire, précisant combien elle le trouvait relou, son père s'est engouffré dans la brèche en lui rappelant que la culture est indispensable pour comprendre la politique d'aujourd'hui :

– C'est à cause du plan Marshall qu'il y a aujourd'hui Monsanto, Bayer et que les gens bouffent de la merde. À l'époque, les Amerloques ont financé le regroupement des parcelles pour que les agriculteurs puissent produire plus. Soi-disant pour nourrir la France, tu parles, ils avaient aussi des machines à vendre.

Solène a bien essayé de faire diversion mais, tandis qu'elle plongeait les assiettes sales dans l'évier, son père a poursuivi l'exposé en donnant régulièrement de petites tapes sur l'épaule de sa fille afin de forcer son attention :

– C'est important de comprendre ça, Solène. En supprimant les bocages, les haies, tout ça, ils ont bousillé la biodiversité dans les campagnes. Ça a créé de l'érosion et privé la terre d'oxygène, d'azote. Et les abeilles ? C'est simple, on n'en voit plus. Et puis, tu sais, les terres d'un gars comme Patureau ? S'il ne gave pas ses champs de produits de merde, y a rien qui pousse.

Il y a longtemps que son père la bassine avec ces histoires de remembrement, de monoculture, de paysages uniformisés. Mais le disque rayé sur l'histoire agricole n'est arrivé que partiellement dans le cerveau de Solène. Elle a tellement fait semblant d'écouter les sermons de son père qu'elle n'ose même plus lui redemander ce qu'est Monsanto. De toute façon, la guerre froide la fait avant tout penser à un samedi soir passé chez ses grands-parents maternels quand elle avait douze ans. Elle avait découvert ce film vieillot : James Bond dans *Bons baisers de Russie*. Elle se souvient d'une scène de pique-nique au bord d'une rivière avec Sean Connery et Eunice Gayson portant un maillot de bain blanc et vert, élégante jusqu'au bandeau de soie dans ses cheveux noir de jais.

Soudain, alors qu'elle referme enfin ses cahiers, Solène entend un cri effrayant venant de la cour.

2

Ce matin, Jérôme a repéré une vache blessée à la patte. Même si les Ferrandaises sont résistantes, pas de pré pour elle aujourd'hui. Il compte d'ailleurs éviter la visite du vétérinaire. Cent euros pour trois bandelettes et un peu de Betadine, ça fait cher le pansement.

Avec la chaleur, les bouses durcissent rapidement, formant une croûte argentée. Les bottes de Jérôme laissent une empreinte verdâtre en s'écrasant. Il en profite pour mettre un coup de jet et rafraîchir l'étable. Une poussière épaisse composée de paille et de matière fibreuse volette un instant, puis redescend, se fige. La vache est couchée sur le caillebotis de la stalle, dans une économie de mouvements. Toutes les bêtes font ça en ce moment. Il s'approche de l'animal et s'accroupit. Le bandage s'est défait, il a glissé jusqu'au sabot, formant un mélange de marron et de gris qui ressemble à une double peau. Jérôme l'enlève délicatement et saisit dans la poche de sa combinaison une dosette de Betadine et un large coton. En se couchant, la vache a sali sa plaie. Difficile de l'en empêcher. Après avoir désinfecté, il tente une chose qu'il a lue hier sur un site de permaculture : appliquer du miel sur la plaie. L'animal est maintenant debout. Jérôme grimace. Tous les jours, la canicule lui vole près de cinquante litres de lait. Le troupeau est très affaibli et il faut le rafraîchir régulièrement. La pression financière ne l'a jamais quitté depuis qu'ils sont arrivés aux Maisons Rouges, sauf peut-être la première année. Il se souvient du jour où il a montré à Marion l'annonce de la ferme. Elle était si enthousiaste, toujours à revendiquer une énergie audacieuse et positive. Un samedi sur place aura eu raison de leur vie citadine. En l'espace de six mois, la famille a quitté Orléans. Ils n'avaient jamais entendu parler de Levroux auparavant. Solène a fondu en larmes quand ils lui ont appris la nouvelle. Jusqu'au déménagement, Jérôme a rabâché qu'il était nécessaire de fuir la société du superflu, que les grandes villes n'étaient pas faites pour les enfants, qu'ils avaient envie de les voir grandir loin de la pollution, au bon air de la campagne. Il disait ça sur un ton très solennel, comme s'il était l'initiateur d'une révolution sociétale. Marion évoquait les tartes aux framboises, les baignades en rivière, les promenades en forêt. Jérôme était quant à lui bien décidé à mener la guerre contre le glyphosate, la monoculture intensive et les coopératives complices. Il n'avait pas imaginé que les relations avec les fermes voisines seraient si compliquées. La première année, Solène a gardé un visage grave et fermé, avec un tic au niveau de la ride du lion. Elle est ensuite redevenue plus sereine. Mais, depuis quelques mois, elle lui parle mal et son tic est réapparu. Tant qu'elle reste première de sa classe, Jérôme la laisse tranquille. Il est davantage préoccupé par l'état de la grange aux tuiles poreuses. Ce ne serait pas le moment que la toiture lâche, il compte y installer des panneaux photovoltaïques. Certaines parties du toit ont été recouvertes à la hâte d'une bâche noire. Bien qu'il prétende être un bon bricoleur, il a passé la soirée d'hier à googliser *comment réparer une toiture*.

Gabin entre dans l'étable.

– Tu viens ? Maman elle a dit qu'on mange.

Son fils tourne aussitôt les talons. Jérôme détache la vache, la fait sortir de la stalle. Il emmène l'animal au verger. Du linge est étendu entre deux pruniers : un tee-shirt avec des mangas côtoie une combinaison agricole et un polo rouge. Jérôme attache sa vache sous un pommier, attend encore quelques minutes afin de guetter son comportement puis se dirige vers la maison. Dans la cuisine, les gosses ont déjà terminé leur assiette, et Marion, tout en crachant le noyau d'une cerise dans le creux de sa main, lui lance un regard exténué. Jérôme singe une mine réjouie :

– Vous auriez quand même pu m'attendre, vous avez encore mangé au lance-pierre, c'est pas sympa.

Solène file dans sa chambre sans prêter attention au ton plaintif de son père. Jérôme ouvre vigoureusement le robinet et saisit la brosse à ongles posée sur le rebord de l'évier. Au fur et à mesure que Jérôme se frotte les mains, des gouttes terreuses viennent moucheter l'émail, tandis que de minuscules brins d'herbe se logent dans la grille du siphon. Les mains de Jérôme sont larges et épaisses. La peau est râpée, avec quelques entailles çà et là. Marion lui demande tous les soirs de mettre sa crème mais il rechigne. Jérôme est maintenant assis sur le banc de la cuisine, dans son assiette une salade de tomates et des haricots verts.

– Y avait plus de patates pour les haricots ? T'aurais dû me le dire, au jardin les quatre rangs de primeurs sont déjà fanés, ça m'aurait pris deux minutes à l'arracheuse. Les haricots, c'est quand même meilleur avec les patates.

– J'ai pas arrêté depuis ce matin, Jérôme. Je vais m'en occuper après le café.

Gabin tourne autour de la table et entonne une danse indienne de son invention. Il scande de manière incantatoire « patate, patate » comme une pratique chamanique destinée à faire baisser la tension palpable entre ses parents.

– Marion, pour les patates, fais gaffe avec le tapis de l'arracheuse, il est capricieux. Au pire, ça peut attendre demain.

– Je le ferai, je t'ai dit.

Gabin scande encore plus fort « patate, patate » et ses parents retournent au silence.

Marion apporte le café dans des mugs en terre cuite. Elle embrasse la joue de Jérôme avec une affection particulière, celle qu'elle réserve habituellement à ses deux enfants.

– Allez Gabin, c'est l'heure, mon grand.

– Déjà ? Ça me saoule, j'aime pas le tennis, maman.

Marion part déposer Gabin à son cours tandis que Jérôme se réfugie dans le salon. Il allume son PC portable, attend que la fenêtre de démarrage s'affiche, tape son code *s.o.l.e.n.e. 2002.* L'ordinateur mouline quelques instants puis une photo aérienne de la ferme apparaît en fond d'écran : les trois bâtiments principaux, aux formes géométriques distinctes, composent un début de Tetris. Rectangles rouges avec de petits carrés noirs par endroits. On ne distingue pas les appentis des toits à deux versants. Plus loin une masse grise, le grand poulailler et le hangar où Jérôme gare ses machines. Enfin des carrés imparfaits où le vert pâle de la luzerne vient renforcer le jaune fluo des colzas. C'est le docteur Faugère qui a pris cette photo en mai dernier quand il a survolé Levroux en ULM. Il a envoyé tous ses clichés aux habitants concernés.

Jérôme ouvre immédiatement quelques dossiers puis se dirige vers un site qui lui permet de gérer en ligne les factures, d'entrer des dates d'intervention, de récoltes. Pour un ancien ingénieur, il s'agit d'un jeu d'enfant mais il se demande comment font les fermiers des alentours : certains savent à peine se servir d'un ordinateur. Il n'a presque plus besoin de ces grands classeurs à levier qui prenaient trop de place dans le salon. Il aime ces moments de rationalité, d'expertise. Il a l'impression de maîtriser sa ferme, de contrôler le monde du vivant. Il gratte sa barbe avec insistance, ses ongles cherchent à se frayer un chemin jusqu'à la peau fine où quelques rougeurs ont fait leur apparition. Avec cette chaleur, il se raserait bien la barbe, comme avant. Mais la peur d'y trouver les stigmates du vieillissement le retient. La peur d'y trouver une peau distendue, molle et pendante. La peur de ne trouver qu'un menton fragile ou bien des ridules autour de la bouche, agrafant ainsi son âge.

La canicule gèle tout : à travers les persiennes du salon, c'est à peine si l'on perçoit les bruits du dehors. Jérôme vérifie le cours du lait : même s'il grimpe, ce n'est pas avec ce que lui donnent ses bêtes en ce moment qu'il pourra, une fois le lait vendu à la coopérative, faire son fromage. Ce qui les aide, ce sont les marchés du canton. Dire que c'est une idée de Marion. Elle s'y rend au moins une fois par semaine pour y vendre ses fromages demi-secs. Elle est très appréciée des commerçants, des clients, et revient souvent avec une vente qui, loin de leur sauver le mois, fait du bien au moral. À l'instant où il se demande pourquoi elle n'est pas encore rentrée du tennis, Jérôme entend la Clio dans la cour. Elle passe ensuite une tête dans l'embrasure de la porte du salon.

– J'ai une petite heure, j'en profite pour faire les patates ?

– T'es sûre ?

– Oui, tu sais, j'aime bien, je bronze pendant ce temps-là, dit-elle dans un sourire malicieux.

– Mouais, c'est pas le meilleur soleil.

Marion s'éloigne d'un pas fluide. Jérôme se rapproche des volets mi-clos : dans le maigre espace de jour, il regarde son corps élancé qui traverse la cour, son dos droit tourné vers l'azur comme s'il allait être avalé par la lumière, et ses jambes mécaniquement souples et régulières. Même le bruit du gravier sous ses pas lui semble élégant. Jérôme n'en revient pas d'avoir su la garder. Ils se sont rencontrés en 1996 dans un bar à Orléans. Lui qui ne sortait pas souvent avait été traîné par ses colocataires jusqu'à ce pub où un groupe local massacrait les Pixies. Il avait fait la connaissance de Marion dans la file d'attente des toilettes. Les baskets s'engluaient dans un mélange de bière et d'urine. Il avait ironisé maladroitement au sujet du guitariste, elle avait souri sans peut-être même comprendre son jeu de mots. Ils avaient terminé la soirée ensemble. Elle avait vingt-et-un ans, lui vingt-deux. Jérôme s'ennuyait ferme dans son école d'ingénieurs mais il était un des meilleurs de sa promotion. Elle venait d'une famille bourgeoise orléanaise, fille d'un directeur de banque et d'une mère au foyer. Son père était mort d'un cancer du pancréas à l'âge de cinquante ans, laissant derrière lui une assurance-vie conséquente et quelques placements, qui avaient permis à sa fille unique d'acheter à vingt ans un appartement en plein centre-ville. S'il n'y avait pas eu cet héritage, ils auraient déjà coulé la ferme. À l'époque, les rues d'Orléans étaient très animées la nuit. Il y avait partout des cafés-concerts, même en périphérie. Personne ne semblait s'en plaindre, il y avait dans l'atmosphère une énergie, une envie folle de débarrasser la ville de son image de cité-dortoir. Son quartier « Les Halles Châtelet » rappelait combien Paris était complexant. Le week-end, Jérôme rentrait volontiers à Sully-sur-Loire, chez ses parents, qui travaillaient tous deux à la mairie, son père comme attaché territorial et sa mère comme secrétaire d'accueil. Il leur apportait son linge sale et en profitait pour manger autre chose que des pizzas surgelées ou des kebabs. Ses parents ne lui posaient aucune question, mais ils ne cachaient pas leur fierté. Leur fils, à force de courage, de sérieux et de ténacité, allait devenir ingénieur en agronomie. Son père répétait sur le ton de la boutade : « C'est pas rien pour un petit pays comme le nôtre. »

Jérôme entend au loin le tracteur démarrer. Quand Marion est dessus, il surveille toujours le bruit du moteur. Elle, ça l'agace. Il retourne à son bureau. Cinq minutes après, le moteur s'arrête. Jérôme entend alors sa femme hurler, sort immédiatement de la maison et court en direction du potager.

3

Solène sort à toute vitesse de la maison. Ses Converse roses, en faisant crisser les graviers, couvrent à peine les hurlements étranges de sa mère. Elle entend son père parler fort, dans un débit très rapide. Quand Solène dépasse la grange, elle voit sa mère allongée, genoux repliés, la main et une partie du bras en sang. Son visage est strié de grimaces. La bouche grande ouverte, comme si ses dents voulaient s'en extraire. Ce qui frappe immédiatement Solène, ce sont les râles de sa mère : par moments ils sont presque silencieux, inaudibles, comme si ça hurlait de l'intérieur, et qu'elle n'avait plus la force de sortir un son. Ses yeux fixent un point très précis qui n'est pas de la matière, défiant la douleur elle-même. Solène ne parvient pas à regarder le bras ensanglanté, elle détourne la tête. Lambeaux de chair rouge mélangés à la poussière, à la matière végétale. Elle voudrait vomir. Elle contrôle un premier spasme.

Son père est au téléphone. Il s'agite en tournant sur lui-même et en jetant régulièrement des regards affolés vers sa femme.

– Je fais quoi, moi, en attendant, si je peux pas la toucher ? Ça pisse le sang et y a rien à faire ? Vous êtes encore loin ? J'appelle les pompiers alors ?

Solène sait bien ce qu'en pense son père : il imagine le docteur Faugère se déplaçant mollement vers son Ford Ranger. Ça le met en rage mais il n'y a plus qu'un seul médecin à Levroux.

Jérôme raccroche dans un geste de colère et se tourne vers sa femme en essayant de prendre un timbre doux et rassurant : en réalité, il s'agit plutôt d'une voix paniquée sur laquelle on aurait mis un effet de sourdine. Solène reconnaît cette voix qui retient, qui menace de sa douceur intranquille.

– Ça va aller, ça va aller, Faugère est là dans cinq minutes. Bouge pas, bouge pas, il est là, il arrive, j'entends le moteur.

Solène se fige, interdite, les bras le long du corps. Elle ne comprend toujours pas ce qui est arrivé à sa mère. D'ailleurs, elle n'a pas envie de savoir. Le Ford Ranger entre en trombe dans la cour, provoquant un nuage de fumée blanche qui disparaît sitôt le moteur coupé. Le docteur Faugère sort du véhicule dans un balancement un peu gauche. Il saisit une mallette marron foncé et aperçoit Jérôme qui vient à sa rencontre.

– À chaque fois, je lui dis de couper la prise de force, à chaque fois, mais y a rien à faire. C'est l'horreur. Tout ça pour gagner deux minutes.

Elle pisse le sang, je lui avais dit de faire attention avec ce putain de tapis.

Le docteur Faugère jauge Solène de son habituel hochement de tête supérieur, posture qu'a également son fils pendant les matchs de tennis.

– C'est pas un endroit pour toi, ma grande. On va bien s'occuper de ta maman, retourne à la maison. Allez, Marion, va falloir être courageuse.

Solène est soulagée de pouvoir se sauver. Elle n'a pas fait vingt mètres qu'elle entend sa mère pousser de petits râles mêlés de pleurs. La présence du docteur Faugère agit comme un calmant.

Solène passe par la cuisine. La table, le frigo, le buffet lui semblent étrangers, d'une autre époque. Comme si la pièce et les objets n'avaient pas encore pris conscience du drame et poursuivaient leur existence dans un monde parallèle. Solène s'assied, coudes sur la table, poings posés devant la bouche. Les index repliés vont et viennent sur les incisives. Elle reste un bon moment dans cette position, sa respiration est lente, comme si ça pouvait lui permettre de remonter dans le temps. Son père ouvre la porte avec vigueur.

– Solène, les pompiers sont là, je vais les suivre avec la Clio.

– Mais alors, elle a quoi maman ? C'est grave ?

– Je sais pas, sa main c'est pas joli-joli, elle va peut-être perdre deux doigts.

– Oh non, c'est pas vrai !

– Mais peut-être pas, c'est à l'hôpital qu'ils vont nous dire.

– Je viens avec toi.

– Non, toi tu files avec Faugère récupérer ton frère au tennis. Après, vous allez chez lui en attendant mon retour de l'hôpital.

– Quoi ? Mais tu rentres quand ? Pourquoi je peux pas rester à la maison si j'ai envie ?

– C'est comme ça ! Tu arrêtes de me contredire tout le temps. Et puis il est possible que j'y passe la nuit. Tu seras gentille avec ton frère ? Je vous tiendrai au courant. Faugère a mon numéro. Allez, dépêche-toi !

Solène monte les escaliers quatre à quatre, dans une précipitation pataude, puis entre dans la salle de bains qui jouxte les chambres du palier. Sur le meuble blond qui accueille la vasque rectangulaire sont rangés des pots blancs aux couvercles orange sur lesquels sont inscrits au feutre : crème main, déo coco, dentifrice, masque visage. On trouve également de nombreux flacons d'huiles essentielles, de petits bols en terre cuite ainsi que des sachets en papier kraft contenant de l'argile ou du bicarbonate de soude. Depuis quelque temps sa mère fabrique elle-même ses produits cosmétiques. Solène, sceptique, lui dit qu'on n'est plus au Moyen Âge. Elle n'assumerait pas au collège les effluves de patchouli, d'arbre à thé ou de vinaigre de cidre. D'ailleurs, sa mère n'a pas discuté l'achat d'un déodorant 48 h à la rose et au litchi, adapté aux bouleversements hormonaux de sa fille. Solène jauge ses aisselles en faisant une moue boudeuse. Elle saisit un rasoir en plastique et le passe rapidement sous ses bras. Elle frotte ensuite la bille blanche du déodorant contre sa peau. Picotements de chaleur, légère brûlure. Elle applique enfin à l'aide de son index deux gouttes de parfum derrière sa nuque, presque à la hauteur des oreilles.

– Solène, tu te grouilles ? Le docteur Faugère t'attend.

Elle enfile à la hâte un polo vert et relève ses cheveux à l'aide d'un bandeau. Elle attrape son Eastpak avant de rejoindre la cour.

– C'est bon, je ne pars pas sans mes révisions.

Le docteur Faugère offre un sourire goguenard :

– Tu vas pouvoir montrer l'exemple à mon fils, quel ramier celui-là. Jérôme, faut y aller. Tenez-moi au courant. C'est Verdier qui va la prendre en charge, théoriquement. Je le connais bien, vous êtes entre de bonnes mains.

Jérôme démarre avec difficulté la Clio poussive, puis sort de la cour en faisant crisser les pneus. Le docteur Faugère tâte la poche de sa chemisette puis sort une cigarette d'un bel étui argenté.

– Allez hop, au tennis.

Dans le Ford Ranger se dégage une odeur de cuir trop neuf, de tabac, de parfum boisé. Solène sent ses cuisses nues s'embraser au contact du siège mais elle fait comme si de rien n'était. Au bout de quelques secondes, la climatisation a déjà rafraîchi l'habitacle. RTL crache une voix chargée de basses. Le trajet se déroule sans un mot. Faugère aspire de longues et lentes bouffées de cigarette qu'il rejette par la fenêtre dans un souffle nerveux. Solène prend conscience seulement maintenant qu'elle a versé quelques larmes. Le sel pique sa peau au niveau des pattes-d'oie.

– Ma mère, elle va vraiment perdre sa main ou il y a des chances que ça s'arrange ?

– Je ne peux pas te l'assurer, ma grande, mais tu sais, on a fait beaucoup de progrès en chirurgie. Et le docteur Verdier est un crack, il vient de la clinique Jeanne-d'Arc quand même, une des meilleures de France pour ce genre d'opération.

Solène acquiesce en pinçant fortement ses lèvres. Quand ils arrivent devant les grandes barrières de thuyas des courts de tennis, Gabin attend déjà sur le banc. Sa sœur descend de la voiture mais il ne réagit pas, trop occupé à scruter l'arrivée de la Clio rouge.

– Maman a eu un accident, elle s'est blessée et là elle est à l'hôpital avec papa. Elle va peut-être perdre sa main. Nous, on reste chez le docteur Faugère en attendant. Allez, tu te magnes !

Solène n'arrive pas à être tendre avec son petit frère, même dans les moments graves. Elle culpabilise autant qu'elle bouillonne de colère. Elle en veut à sa mère de s'être blessée car elle sait que ça va compliquer les choses. Elle en veut à son père de ne penser qu'à sa ferme, au bio et à ses animaux qui n'en finissent jamais de déféquer, boire et manger. Gabin monte dans le véhicule sans broncher. Le docteur Faugère fait mine d'apaiser l'anxiété palpable :

– Comment ça va le champion ? Dis donc, c'est une vraie raquette de lifteur que t'as là ? Nadal n'a qu'à bien se tenir.

– C'est la raquette de Federer, dit Gabin.

Le Ford roule cinq minutes avant de franchir les grilles de la maison des Faugère. La mâchoire de Solène se fige comme si elle avait un mors dans la bouche et sa cage thoracique se resserre. Cette cour qu'elle voit de près pour la première fois, avec son puits en pierre de taille d'un autre siècle, ses fins gravillons blancs, ses bordures de buis… plus loin une pergola en fer forgé… Tout ça l'intimide. Quand elle regarde cette nature domestiquée, qui est seulement là pour décorer, imposer un rang, elle maudit sa vie à la ferme. Elle jette un coup d'œil vers le garage : la porte entrouverte laisse apparaître la Mini Cooper de Mme Faugère. Cela va faire un an que la mère de Baptiste est partie. Même si l'histoire est taboue, tout le club est au courant. Tout ce beau monde aime en rire quand le docteur Faugère a le dos tourné. Même son père y est allé de son petit commentaire, un soir, dans la cuisine, sans savoir que Solène entendait :

– Un macho pareil ? Bien fait pour sa gueule ! Ça va lui rabaisser sa fierté.

Le docteur Faugère les fait entrer dans la cuisine. La pièce est haute de plafond, très ensoleillée, avec un bow-window donnant sur le jardin et des carreaux de ciment noirs et blancs au sol. En face de la baie vitrée, on trouve un large évier en marbre. Une dame aux cheveux courts et frisés, portant un tablier de cuisine à fleurs, coupe des tomates sur l'îlot central.

– Les enfants, je vous laisse avec Maryvonne, j'ai encore une consultation. Montrez-leur la salle de télé, Maryvonne, vous voulez bien ? Baptiste est dans sa chambre ?

– Oui, depuis peu. Autant dire qu'il n'a rien fait de la journée. À part donner de l'eau à Bidouille et encore, c'est moi qui lui ai rappelé.

Le docteur s'approche du bow-window. Pendant quelques secondes, son regard fixe un point précis dans le jardin, comme si une anomalie était perchée dans un arbre. Il inspire de toutes ses forces puis son visage fermé laisse apparaitre un sourire triste :

– Bon, à tout à l'heure.

Maryvonne attend que le docteur soit parti pour héler Baptiste qui ne répond pas.

– Venez avec moi les enfants, il doit encore être devant sa télé.

Maryvonne ouvre une porte qui donne sur un long couloir assez sombre. Les murs sont ornés de trophées de chasse : des cerfs, des sangliers, et même des renards. Une vingtaine de fusils sont également exposés sur des pattes de chevreuil servant de râteliers. Solène entend souvent son père pester contre ces cons de chasseurs et rappeler que leur place est au Moyen Âge. Devant Faugère, il évite de parler des sangliers et de la forêt. Il sait très bien que, parmi la petite bande qui chasse le dimanche, il y a des agriculteurs voisins, dont Patureau, qui a la plus grande exploitation du canton. Le couloir dessert plusieurs salons dont les portes entrebâillées projettent un filet de lumière crue. Comme dans la cuisine de Solène, le bois est présent du sol au plafond. Mais celui-ci est du chêne noble, verni et sculpté. Maryvonne appuie une main assurée sur la boule de la rampe en laiton de l'escalier. Elle monte lentement les marches qui sentent la cire d'abeille. Entre deux dodelinements, elle laisse échapper de longues expirations forcées. Solène et Gabin la suivent à pas prudents, comme s'ils traversaient un musée. Toutes les quatre marches, Maryvonne appelle Baptiste, sans succès. Au premier étage, un large couloir sert de salon télé. Un écran plasma trône tout au fond : il est allumé mais le son est très bas. La succession de plans larges et de plans serrés sur le terrain en terre battue, les joueurs ou le public crée une lumière fluctuante dans la pièce. Devant le match, un grand canapé en cuir foncé, vide.

– Baptiste, tu vas me répondre, oui ?

Maryvonne ouvre nerveusement la première porte du couloir, suivie de Solène et Gabin. Baptiste est étendu sur le parquet blanc laqué de sa chambre, bouche ouverte et yeux mi-clos. Maryvonne pousse un cri aigu, qui fait sursauter Baptiste. Son corps est en lévitation le temps d'un spasme. Surpris par la présence de Solène, il se relève à toute vitesse. Aussitôt, son visage grave et hébété libère un rire puissant, satisfait et moqueur.

4

La Clio roule seule depuis un bon moment. Jérôme fixe le marquage de la départementale. Enfant, il aimait bien compter par groupes de dix les lignes discontinues et les poteaux téléphoniques. Avec cette chaleur, le goudron fondu forme des flaques luisantes. Au loin, on jurerait qu'une rivière traverse la route, comme un mirage. Jérôme regarde à peine les champs de tournesols, les prés jaunis et les moutons qui se sont réfugiés en masse sous un orme. Partout des haies qui quadrillent et délimitent les terres, amas de ronciers, de graminées et d'herbes folles.

Jérôme n'aperçoit toujours pas le camion de pompiers. Comme il existe deux trajets pour se rendre au centre hospitalier, il comprend qu'ils n'ont pas pris la même route. Quoi qu'il en soit, il ne connaît que cet itinéraire et il n'a pas de GPS sur son portable. Il s'entend encore dire à sa femme : « Un téléphone, ça sert à téléphoner, et c'est déjà bien suffisant. » De toute façon, le réseau ici est souvent déplorable, y compris dans la plupart des hameaux qu'il traverse. Dans ces ensembles de vieilles granges, de ruines grignotées par la végétation, aux toitures fracturées par des arbres foudroyés, on ne pense pas à ralentir et on imagine encore moins qu'il puisse y avoir eu un jour âme qui vive, même sous un ciel bleu azuré.

Jérôme franchit enfin le pont métallique qui le conduit à la civilisation et à la périphérie de Saint-Arbord. Le fleuve est quasiment asséché. Des bancs de sable orange et cendré se dessinent en mouvements circulaires. Dans leurs virages creusés, un limon sec, verdâtre. À partir du panneau rouge et blanc *Saint-Arbord*, la route est bordée de troènes, la mairie ne souhaitant pas démériter de son statut de ville fleurie. Les premières maisons ont pour la plupart des pancartes *À vendre* accrochées à leurs volets, conséquence de la proximité avec le nouvel hôpital et de la fréquence des sirènes. Sur la gauche, deux panneaux indiquent les urgences et la radiologie. La route se rétrécit et la vitesse est limitée à 20 km/h. Jérôme se gare sous un platane, il est surpris par tant de places libres. Il marche vers le bâtiment en coupant par la pelouse défraîchie. À l'accueil, sa voix qu'il voudrait douce et assurée trahit sa panique :

– Les pompiers ont dû arriver il y deux minutes avec ma femme, elle est grièvement blessée à la main, je dois la rejoindre.

– Tout d'abord, bonjour. Attendez ici, monsieur, il y a des arrivées toutes les demi-heures. Donnez-moi votre nom.

– Jérôme Wengler, et c'est pour Mme Marion Wengler.

– Mme Wengler a bien été admise en urgence il y a dix minutes. Je ne peux malheureusement pas vous en dire plus. Je préviens le docteur Verdier.

Jérôme ne prend pas la peine de s'asseoir, il erre lentement dans le hall, seul, contournant les ficus qui délimitent l'espace d'attente. Un homme mince en blouse blanche avance vers lui avec détermination.

– Monsieur Wengler ? Docteur Verdier. Votre femme va bien, on a passé la radio. Elle ne s'est pas loupée, dites donc. Mais, par chance, la coupure est nette.

– C'est grave ? Qu'est-ce qu'on va lui faire ?

– Pas de panique, je vous explique : tant que l'hémostase n'était pas faite, on ne se rendait pas compte. Là on voit bien, c'est le tendon extenseur qui est rompu, celui qui est sur le dos de l'index, il ressort bien de la plaie. C'est un tendon superficiel, donc moins complexe à opérer.

– Mais elle s'est ouvert les deux doigts.

– Le majeur, lui, est moins atteint. Pour ça, je ne suis pas inquiet. Et pour l'index, on va le recoudre. L'opération dure à peu près une heure. Vous pourrez rentrer ensemble ce soir et dans cinq à six semaines elle attaquera la rééducation. Je vous laisse patienter ici et je vous appelle après l'opération.

Le docteur fait demi-tour tandis que Jérôme cherche de la monnaie dans sa banane en cuir. Dans la précipitation, il n'a pas pris de bouteille d'eau. Il trouve un billet de cinq euros. Pas une seule pièce pour nourrir le distributeur. Il n'ose pas demander le change à l'agent de l'accueil qui, dès son arrivée, cochait toutes les cases d'un gardien de prison. Jérôme examine sans conviction le porte-magazines en métal et saisit un exemplaire. Il feuillette nerveusement la nouvelle vie d'Anne Sinclair, les vacances de Sophie Marceau ou l'enfant adoptif de Véronique Jannot. Les mêmes visages qu'il y a vingt ans. Il fait l'impasse sur Kim Kardashian qu'il ne connaît pas, soupire devant Nabilla et repose le torchon sans avoir parcouru le week-end en amoureux du prince Harry. Il remarque alors, sous le camouflage des branches d'un ficus, une fontaine à eau. Il se sert fébrilement trois grands verres puis fait craquer son gobelet transparent en le fixant d'un air blasé. Il pense à cette mer de plastique, presque quatre fois la France, ce n'est pas rien. Comment peut-on encore tolérer ça dans des espaces publics ? Il compte le nombre de stries de la fontaine à eau puis fait pareil avec le gobelet en passant son pouce, sentant les pleins et les déliés. Étonnamment, il n'y en a que six. Six stries. Comme les six semaines à se débrouiller sans Marion, en plein été. Il sera seul pour traire, nourrir, soigner, jauger, arracher, gratter, soulever. Il faudra également continuer de vendre les fromages au marché, surveiller la croissance des poulets, arracher les carottes, cueillir les concombres, les laitues. En quelques secondes, toutes ces tâches forment une boule de ronces molle dans son estomac. C'est comme si un immense slime – cette pâte à modeler gluante que font les enfants avec de la lessive St Marc et de la Maïzena – recouvrait son visage, s'incrustant dans tous les orifices, le nez, les oreilles, la bouche. Jérôme sent qu'il va vaciller, étouffer, qu'il ne contrôle plus ses jambes. Il pose lentement la paume de sa main sur le dossier froid du banc en métal, comme à tâtons. Une fois assis, il appuie les doigts sur ses paupières et sur l'arête de son nez en soufflant longuement, expulsant le moindre millilitre d'air de ses poumons.

Soudain, ça débarque comme une tache rouge qui clignote au milieu du cerveau et vient se coller aux parois de la peau : la moissonneuse. Il vient de tout inventorier sauf le travail le plus chronophage de l'été. Trois semaines enfermé dans la cabine de sa moissonneuse. D'habitude, ils embauchent Duprat à mi-temps pour seconder Marion. Là, ils n'auront pas les moyens. Il y a trois ans, il a contracté un prêt bancaire pour acheter en leasing cet engin à la pointe de la technologie, qu'aucun agriculteur de la région ne pouvait se payer. Ça s'est fait contre l'avis de Marion qui ne voyait pas comment elle pourrait gérer seule les animaux et les fromages. Pourtant, Jérôme n'est pas peu fier de son calcul ingénieux : maîtrisant parfaitement la machine et son ordinateur de bord, avec la télémétrie, les capteurs laser, il moissonne non seulement plus vite et mieux, mais propose ses services tarifés aux fermes voisines qui, auparavant, faisaient appel à des sociétés qui n'étaient pas en mesure de leur assurer un calendrier précis. Son idée se révèle juteuse, plus de dix mille euros par an à la hauteur du sacrifice : près de quatorze heures de travail par jour, avec le bruit de la soufflerie, du broyeur ou du hacheur. S'ajoutent à ça les voix de France Culture qui, en tentant de couvrir les bourdonnements, font grésiller les haut-parleurs de l'habitacle. Il y a aussi les séances de mécanique, à l'aube, où il faut partager un café soluble Maxwell et des tartines de rillettes avec un petzouille, comme Jérôme les appelle, à savoir un agriculteur conventionnel qui ne jure que par la FNSEA, le boursicotage du blé, le glyphosate et le salon au Parc des Expositions, porte de Versailles. Le petzouille méprise toute démarche écolo, vénère le Crédit Agricole et confond le terroir avec le territoire. Il prend les Wengler pour des illuminés, des citadins qui veulent jouer aux paysans, pire, à Marie-Antoinette dans sa ferme en torchis, avec ses quatre moutons et ses trois vaches. Le petzouille n'accepte pas qu'on le traite d'empoisonneur. Il pense que la biodynamie n'est qu'une instrumentalisation complotiste, une idée de bobos déconnectés de la réalité. Jérôme affronte tout ça sans broncher, il a un business à faire tourner. Depuis trois étés, Marion prend le relais à la ferme, aidée par Solène pour les tâches les plus simples. Mais aujourd'hui ? Solène déteste le travail agricole, elle lui reproche assez de la priver de vacances d'été, tandis que ses copains de classe passent au moins deux semaines dans un camping à Palavas, chez un oncle en Bretagne ou, comme les Faugère, à Saint-Raphaël. Jérôme ne voit pas d'issue. Il pense à la banque, aux panneaux photovoltaïques qu'il comptait acheter après la moisson, à Solène qui en septembre entrera au lycée, à sa toiture qui va s'effondrer s'il ne fait rien. Il se répète qu'il est maudit, qu'on lui met des bâtons dans les roues. La colère monte autant que son estomac se noue, sa main écrase le gobelet, le réduit en lambeaux, des gouttelettes d'eau jaillissent sur son visage crispé, il aimerait hurler, prendre une chaise et la fracasser sur le guichet d'accueil, tordre violemment les ficus et les réduire en bonsaïs.

Une porte battante s'ouvre, presque en silence : Marion est entourée du docteur Verdier qui lui tient le bras, les yeux hilares, et d'une infirmière d'une cinquantaine d'années portant des Crocs violettes. Visiblement, le docteur enchaîne les histoires drôles. Jérôme repère le rire gêné de sa femme qui porte une attelle bleue et un doigtier rouge en caoutchouc.

– Monsieur Wengler, je vous rends votre femme. Une jolie petite poupée, hein ? Je parle de l'attelle bien sûr. Du bleu et du rouge, c'est parfait pour soutenir l'équipe de France dans dix jours, non ?

– Ça s'est bien passé ? Comment tu vas ?

– Pour le moment je sens plus rien, mais la douleur va revenir dans quelques heures.

– Votre femme a été très courageuse. Avec l'analgésie, elle est tranquille jusqu'à demain matin. Après, repos, Doliprane et, une fois par semaine, on passe chez mon ami Faugère pour changer le pansement. Limitez les mouvements du bras au strict minimum : plus on immobilise, plus on se rétablit rapidement. Et monsieur va devoir se mettre à la cuisine.

– Ce n'est pas un problème. Je sais même faire la lessive, le repassage et la couture.

– Je vous envie, moi je n'ai jamais eu le temps d'apprendre. Et pourtant j'ai un bon coup d'aiguille, n'est-ce pas, madame Wengler ?

Le docteur lance un regard complice vers l'infirmière qui fait mine de rire avec lui.

– Tout se termine bien, vous avez eu chaud. Bon rétablissement, madame Wengler.

– Au revoir, docteur.

Jérôme prend le bras de sa femme et avance avec un chéquier dans l'autre main. La dame de l'accueil lui tend la carte Vitale de Marion sans les regarder.

Ils contournent ensuite à pas lents le terre-plein jusqu'à la voiture. Les gestes de Jérôme sont précautionneux, délicats et avenants, comme si de chaque mouvement pouvait advenir le pire.

Jérôme démarre la Clio sans dire un mot. Marion garde le visage tourné vers la vitre. Il faut attendre la rase campagne pour qu'ils se parlent enfin.

– Quel beauf ce Verdier. Ça fait quinze ans d'études mais ensuite le gars met son intelligence en veille jusqu'à la fin de sa carrière.

– Oh, il voulait juste être gentil, détendre l'atmosphère. T'as vu, on n'est pas passés loin du drame.

– Tu rigoles ? C'est maintenant qu'il commence le drame. Putain, à chaque fois je te le dis, tu coupes la prise de force, tu fais attention à ce putain de tapis ! Mais t'écoutes rien !

Marion, désemparée, affiche un visage froid et révulsé. Ses yeux gonflent et rougissent. Dans un sanglot, elle lâche :

– Et ma main, c'est rien ? T'es grave, Jérôme, vraiment grave. J'ai failli perdre ma main et tu m'emmerdes avec ta prise de force !

Silence absolu devant les paysages floutés, ces mêmes moutons, ces mêmes prés, forêts, lieux-dits. Il est rare que la douceur de sa femme s'évapore. Marion n'a presque jamais de mauvais pressentiments, d'angoisses ou de stress. Encore moins de mots tranchants, injurieux. L'alcool et le sport n'ont jamais été des prétextes nécessaires pour booster sa sérotonine. Tout semble facile, léger. Seuls la mort et les accidents valent la peine d'être pris au sérieux. Jérôme se sent piteux, injuste, égoïste. Il reconnaît rarement ses erreurs. Ce n'est pas inscrit dans ses gènes, son héritage. Dans sa famille, il faut toujours trouver le coupable, le responsable de son sentiment de persécution. Mais cette fois, c'est trop violent en lui. Quand ils entrent dans Levroux, Jérôme sort son couple du silence, comme l'accusé sortirait de son mutisme après avoir longuement parlementé avec son avocat :

– Excuse-moi, j'ai été con. Je suis désolé.

– Merci, ça fait du bien.

– Je suis tellement inquiet pour nous, pour la ferme. On crame toute notre épargne.

– Jérôme, ça va, je connais notre situation. Je sais que ça nous fout dans la mouise. Depuis le début de l'année je te dis qu'on a la solution mais toi, tu ne veux rien entendre.

– Quelle solution ?

– Tu sais, le truc dont tu m'as parlé, les travailleurs bénévoles qui font le tour du monde dans les fermes bio.

– Ah les wwoofeurs ? Et tu crois qu'on trouve un gars comme ça en un clic ?

– Je sais pas. T'as une autre idée ?

5

– Tu crois que c'est drôle de nous faire une frayeur pareille ? Mon Dieu que j'ai eu peur. Tu ne recommences pas, compris ? Ton père t'a prévenu…

– Vous y avez cru, hein ? Je fais super bien le mort. Hé, salut, Solène. Qu'est-ce que vous faites ici ?

– Leur maman a eu un accident, Baptiste, et…

– Ma mère est à l'hôpital avec mon père. Elle va sans doute perdre sa main.

– Ah, merde. Comment elle s'est fait ça ?

– Avec une machine. J'ai vu sa main pleine de sang.

– Les boules. Et mon daron, il est où ? Vous êtes venus avec lui ?

– Baptiste, comment tu parles ? Ton père est en consultation, il rentre dans une heure. Solène et Gabin vont rester en attendant les nouvelles de l'hôpital. Je continue en bas si vous avez besoin de moi.

Maryvonne repart, en faisant glisser ses charentaises sur le parquet. Gabin s'approche d'un aquarium verdâtre posé sur le bureau. Il pose les mains et le bout de son nez contre la vitre.

– Oh, génial, des petites tortues. Tu les as trouvées où ?

– Y a trois ans, dans un magasin à Paris. J'hésitais entre un serpent et un iguane mais mon père m'a dit que les tortues c'était moins de boulot. Aujourd'hui je les calcule même plus, ça me saoule, ça pense qu'à bouffer.

Solène laisse échapper un rire timide et complice. Le rouge aux joues ne l'empêche pas de soutenir le regard de Baptiste pendant une éternité de secondes. Dans leurs yeux, on lit cette peur, cette défiance qui parasite tout décryptage de sentiments réciproques. Baptiste se penche vers Gabin :

– J'ai des jeux sur mon iPad. Ça te branche ? Tu joues à Minecraft, Rules of Survival ?

– Nous, on n'a pas de tablette à la maison, ça coûte trop cher.

– N'importe quoi, Gabin ! Notre père il veut pas parce qu'il dit qu'après, on devient des zombies. Tu parles.

Solène lève les yeux au ciel, la mine légèrement boudeuse. Baptiste y voit comme un encouragement pour congédier au plus vite le frère encombrant.

– Tiens, Gabin, mets-toi à la cool, sur le lit. Y a aussi plein de super films. Tu fais ta vie, quoi.

– Vous allez où ?

– Je sais pas, on va se mettre devant la télé. Mais ça va pas te brancher.

Gabin observe, interdit, les deux adolescents complices. Face à tant de pièces de puzzle manquantes, de sous-textes indéchiffrables, il prend la tablette et s'allonge sur le lit bateau. Solène et Baptiste sortent de la chambre et vont s'avachir sur le canapé du couloir, devant l'immense télé à l'écran incurvé et trop pixelisé.

– C'est quoi comme match ? Y a pas de tournoi en ce moment ?

– Sur Canal, ils rediffusent la demi-finale de 2011, Federer contre Djokovic, tu te rappelles ? Trop culte.

– Mouais, moi ça ne m'intéresse pas trop quand je connais le résultat.

– Sinon y a l'autre taré d'Hanouna sur C8. Allez, ils sont trop débiles mais c'est quand même marrant.

– C'est pas super naze ce truc ?

Baptiste toise Solène avec un sourire narquois puis saisit la télécommande. Aussitôt, une lumière crue et des jets de stroboscopes envahissent la pièce. La voix du présentateur se perche très haut afin de passer au-dessus des applaudissements. Quand elle force un peu plus, cette voix décroche et glisse dans les aigus, comme le ferait un adolescent en pleine mue, avec un débit proche du commentateur sportif. Le public applaudit en permanence et, quand les voix des chroniqueurs s'entrechoquent ou se chevauchent trop, le présentateur les ramène au calme à l'aide de grands gestes, faisant penser à un marshaller sur une piste de décollage, armé de bâtons lumineux sous cent trente décibels. Solène et Baptiste ne sont séparés que de quelques centimètres. Cet espace infime est déjà un territoire commun, comme un couloir créé par la chaleur de deux peaux qui se mélangent, une jonction formée par l'électricité des corps sous adrénaline, un fluide inconnu qui va et vient dans la gorge. Baptiste se demande s'il est le seul à ressentir ce courant. Le moindre mouvement de cuisse est une interrogation brûlante. Pense-t-elle à la même chose que lui ? Est-elle en proie à la même excitation violente ? Connaît-elle ce malaise qui accompagne l'attirance ?

Solène a peur de ce désir qu'elle voudrait refréner. Lui reviennent en tête ce vendredi 24 avril et la sortie pédagogique à la cinémathèque de Bourges. Elle repense à Lorie la pute et au Yams, ce garçon qui fait deux têtes de plus que tout le monde à force de redoubler, avec ses yeux bleus délavés par la fumette, ses pectoraux nerveux, ses jambes dessinées par les sorties à vélo, sans parler du bronzage agricole. Qu'est-ce que Baptiste en a pensé ? Ce jour-là, la professeure de français Ghyslaine Pilorget a réuni les deux classes de troisième. Le voyage se fait dans un vieil autocar bleu et blanc sentant le diesel. La banquette arrière est immédiatement privatisée par Le Yams et sa cour, dont Baptiste fait bien sûr partie. Une heure de trajet à entendre brailler le rang du fond. Dylan met toute son énergie à couvrir les voix de ses camarades, ses fortes inspirations sont à la limite de l'évanouissement et les deux grosses veines de son cou peinent à irriguer son visage rougeaud. Le car, mal climatisé, dégage peu à peu son mélange de sueur apocrine, de sébum et de déodorant bon marché. Depuis les premiers kilomètres, le regard de Solène croise constamment celui de Baptiste. Il semble mal à l'aise. Ses échanges avec elle sont furtifs, discrets et pudiques, comme un malfrat qui serait sur le point de changer de camp. Si Baptiste participe à l'enthousiasme obligatoire en battant la mesure d'un mouvement de nuque, c'est uniquement pour donner le change à la chorale débridée qui massacre maintenant les White Stripes. Le chauffeur semble imperméable aux voix distordues, tandis que Ghyslaine Pilorget et les accompagnateurs affichent un air résigné. La cinémathèque qui projette *Cyrano de Bergerac*, c'est l'occasion d'interroger les élèves sur les scènes annexes ne figurant pas dans la pièce initiale, lors d'un prochain contrôle. De temps à autre, Ghyslaine Pilorget ne peut s'empêcher d'intervenir :

– Dylan, tu te calmes ou demain je t'interroge en premier.

– Mais madame, c'est pas juste, c'est Benji qu'a crié.

Dans la salle de projection, les élèves reprennent les mêmes places que dans l'autocar, à ceci près que Lorie, qui porte une robe courte à fleurs, s'asseoit à côté du Yams. Jusqu'en cinquième, personne ne s'intéressait à elle. Elle était très solitaire et réservée. Mais en milieu d'année, ses seins ont rapidement atteint la grosseur de deux pomelos et elle s'est mise à traîner avec des garçons plus âgés. Les élèves l'ont alors appelée Lorie la pute et ont commencé à dire qu'elle était dans des vidéos de Jacquie & Michel. Au cinéma, sa présence au fond de la salle, entourée du Yams et de Dylan, intrigue les autres élèves. La salle se plonge dans le noir, un festival de « Silence, chut, ça suffit » accompagne la musique de Jean-Claude Petit. Tandis que les garçons ricanent en découvrant le corset de Roxane dans la première scène, Lorie s'enfonce dans la mousse bleue du fauteuil et laisse sa nuque se balancer sur l'arête du dossier. Elle ferme les yeux et laisse échapper de petits soupirs lascifs qui éveillent la curiosité des derniers rangs. La scène où Roxane se rend à la pâtisserie sort les élèves de la pénombre et éclaire la raison des gémissements : Le Yams a plongé sa main dans la culotte de Lorie, on distingue parfaitement le mouvement de va-et-vient de son doigt. Dylan fait mine de caresser sa poitrine sur le dessus du tissu à fleurs mais sans réelle conviction, il demeure hilare. Les adultes, adossés aux murs de la salle, intiment l'ordre de se taire, sans que cela soit dirigé vers quelqu'un en particulier. Tour à tour, Lorie se mord la lèvre, puis elle expire par saccades, en faisant un rond parfait avec sa bouche, dans une transe si grimaçante qu'elle ressemble à une enfant de trois ans, suppliant sa mère de la consoler après s'être écorchée le genou. Baptiste se demande si les filles jouissent en vrai dans les films porno et si, dans la vie, on doit jouir pareil, avec autant de stigmates de douleur, de soumission. Il jalouse cet abandon autant qu'il le méprise. Lorie se redresse, comme si elle sortait d'un mauvais rêve, elle jette un rapide coup d'œil autour d'elle puis dirige sa bouche vers la braguette du Yams qui la repousse d'un geste brusque de la main. Lorie se penche une deuxième fois, comme un animal affamé, ce qui provoque autour d'eux des rires étouffés. Le Yams la saisit alors par les cheveux et la chasse avec violence vers l'accoudoir du fauteuil, tout en lui assenant d'une voix basse et puissante :

– Lâche-moi, salope, grosse pute, va !

Cette fois des rires gras se libèrent et les professeurs interviennent avec fermeté :

– Le rang du fond, je ne veux plus vous entendre. Si ça continue, vous êtes tous collés.

L'histoire fait le tour des élèves bien avant le générique de fin. À la sortie, Margot se précipite vers Solène pour lui raconter des détails glanés dans l'escalier du cinéma.

– Quel connard Le Yams, moi ça m'a gâché le film. Ne me raconte plus rien, ça me dégoûte.

Pendant le trajet du retour, les yeux de Solène sont perçants comme un bec d'oiseau et sa bouche affiche une contrariété qui perturbe Baptiste. À aucun moment les mêmes échanges de regards qu'à l'aller. Le groupe de la banquette arrière relate pour la dixième fois l'événement, en ricanant. Baptiste sourit pour donner le change, le visage absent. Il sait bien que la plupart des élèves sont sidérés par le comportement du Yams. Au milieu du bus, Lorie pleure, la joue collée contre la vitre. Ses sanglots sont étouffés par le bruit du moteur.

Cette journée aura profondément déstabilisé Baptiste. Prendre parti, décider, se ranger, trancher, autant de mots qui l'angoissent. Il veut juste ne pas décevoir, rester dans le groupe sans risquer d'appartenir au mauvais clan. Il vit dans la peur qu'une action se retourne contre lui. Qu'a-t-il fait pour mériter le départ de sa mère ? Depuis six mois, c'est silence radio. Son père rabâche qu'elle les a abandonnés, qu'il faut l'oublier, qu'elle est une mauvaise mère, une salope. L'autre jour, en fouillant dans une armoire, Baptiste est tombé sur des habits de sa mère. Notamment sa robe de chambre, la rose pastel avec des coquelicots. Il en aurait chialé. Solène perçoit-elle sa fragilité ? Il n'aimerait pas.

Maintenant il est là, devant la télé, la cuisse frôlant la peau fine et cuivrée de Solène. Est-ce lui qui fantasme ? Est-il désiré par elle ou est-il à ses yeux le crétin qui a applaudi le lynchage et l'humiliation de Lorie la pute ?

Il aurait envie de montrer à Solène qu'il en a dans le ciboulot en lui parlant de choses profondes comme la mort, la drogue ou la folie. Mais aucun son ne sort de son corps moite et empêché. Il ne regarde plus l'écran, ses yeux communiquent avec l'estomac et ses mains tremblent. Il n'entend même plus les voix suraiguës et sarcastiques des animateurs : c'est comme si ses oreilles avaient la faculté de faire un tri. Il comprend soudain que la tête de Solène est à deux centimètres de son épaule. Depuis combien de temps ? Est-ce le cuir glissant du canapé qui est responsable ? Trop occupé par les turbulences de son corps, il ne s'en est pas aperçu. Baptiste laisse passer quelques minutes tout en exerçant une légère pression avec sa tempe droite sur le haut du crâne de Solène. Elle ne réagit pas. Baptiste compte, jusqu'à trois. Puis se ravise. Il recompte à nouveau et il attrape d'une main peu assurée son bras nu, faisant pivoter les deux visages. Ils n'arrivent toujours pas à échanger un regard mais leurs lèvres chaudes et molles entrent une première fois en contact. Courte pause. Respiration furtive, les yeux qui se trouvent à peine. Puis les deux bouches de nouveau se scellent maladroitement, libérant leurs langues. Baptiste sent son sexe durcir, la barrière du textile rend son plaisir douloureux. La salive, en se déposant sur les contours des lèvres, rafraîchit une peau douce et lisse comme un écran. Il aimerait bien peloter son sein gauche, passer sa main sous le polo vert. Il repense à Lorie la pute et préfère la garder où elle est, la paume collée au biceps nerveux et bronzé de Solène. Soudain, bruits de porte au bas de l'escalier :

– Solène ? Descends, tes parents arrivent.

La voix éraillée du docteur Faugère fait l'effet d'une décharge électrique. Baptiste éjecte Solène puis se déporte à l'autre bout du canapé en croisant les jambes. Il saisit la télécommande. Solène a juste le temps d'apercevoir une bosse conquérante logée entre deux fleurs rouges de son bermuda Paul & Shark. Sentiment de culpabilité qui monte. N'être qu'un vulgaire objet de tentation. Elle se demande si son corps a envoyé le bon signal. Son père lui reproche souvent de jeter de l'huile sur le feu afin d'attiser la colère de son frère alors qu'elle voudrait juste obtenir du calme. Est-ce la même chose avec le désir ? Et s'il s'agissait pour Baptiste d'un appétit sans amour ? Sinon pourquoi l'aurait-il repoussée avec autant de dureté ? Elle se dirige vers l'escalier, balaie d'un coup d'œil la chambre et comprend que Gabin n'est plus à l'étage. Elle se retourne une dernière fois, distingue à peine la mèche de cheveux qui dépasse du canapé et se fond avec le cuir marron. C'est la première fois qu'elle embrasse. La bouche de Baptiste exerce encore une pression fantôme sur ses lèvres. Comme un imprimé honteux, un tatouage temporaire. Le docteur Faugère, la main sur la rambarde, expose son éternelle posture victorieuse et narquoise :

– Allez, ma grande, ta maman va bien, ils passent vous prendre dans deux minutes.

À la cuisine, Maryvonne équeute une montagne de haricots verts. Gabin l'aide vaguement. Il joue surtout avec les pédoncules en les dirigeant violemment sur son avant-bras comme s'il s'agissait d'épines de ronces ou d'aiguilles à coudre. Un bruit de carillon synthétique le fait sortir de son histoire :

– C'est maman, c'est maman.

Gabin se précipite dans la cour. Solène lui emboîte le pas, son Eastpak à l'épaule. La Clio est stationnée devant la grille, en warnings. Jérôme se tient debout, la main sur le haut de la portière et le visage fermé, tandis que Marion, à la place du passager, affiche un sourire triste.

– Alors, Marion, Verdier vous a fait une belle poupée ? Montrez-moi ça.

Faugère jauge l'attelle avec une moue satisfaite :

– Fini les imprudences hein ? On se voit mercredi. Courage. Les enfants, je compte sur vous, on aide bien les parents.

Jérôme remercie le docteur Faugère d'un hochement de tête. La Clio démarre aussitôt et, rapidement, la chaleur dans l'habitacle est chassée par un vent chargé de graminées, de campanule et de menthe sauvage. Solène pose la tête contre la vitre, la bouche entrouverte : on dirait qu'elle avale une bouillie de vert dont le nuancier est infini. Elle aimerait accueillir la douleur de sa mère mais Baptiste prend toute la place, en flashes constants. Des images, telles des déflagrations, de langue, de peau, de cuir chevelu sorties de son imagination puisque, en l'embrassant, elle n'a presque pas ouvert les yeux. Elle a senti le sang bouillant faire des allers-retours entre son sexe et son ventre, sa cage thoracique et ses joues. Elle aurait aimé que ça ne s'arrête jamais, que le courant fasse vibrer la moindre parcelle de sa peau. Baptiste est partout. Ses poumons sont remplis de l'odeur de son cou, de ses aisselles, de sa bouche. Son déo boisé s'est répandu sur son polo, elle ne sent que ça. Et soudain, une boule au ventre, qui vient tout balayer : demain, dans la cour, comment faudra-t-il se comporter ? Faudra-t-il l'embrasser ? Et s'il la rejette ? Quelle sera la réaction de Margot ? Des profs ?

La Clio franchit le portail de la ferme. De nouveau, l'atmosphère lourde et asphyxiante. Jérôme fait le tour du véhicule, ouvre la portière côté passager. Il prend Marion par le bras et l'escorte jusqu'à la porte d'entrée.

– Solène, ouvre-nous, tu veux bien ? Les clés sont dans ma banane. Allez dépêche.

Solène obtempère machinalement, sans relever l'agacement de son père. Sa mère émet quelques légers râles quand elle passe le seuil, comme pour rappeler que l'accident a bien eu lieu et qu'elle ne va pas avoir besoin de soins et d'attentions seulement le premier soir.

6

– Finalement, Gabin va venir avec moi. Ta mère doit se reposer, tu veilles bien sur elle ?

– T'es obligé de traire maintenant ? Je croyais que tu l'avais fait ce matin.

– Une traite par jour, c'est le minimum mais c'est pas suffisant, qu'est-ce que tu crois ?

– Tu parles, une fois tu l'avais fait, je m'en souviens.

– Tu veux que je te parle de la mammite ? Des infections ? Tu sais combien je perds de litres par jour avec la canicule ? Déjà que j'ai une heure de retard. Les bêtes, le retard, ça les stresse.

– Mais on mange quoi si maman elle peut rien faire ?

– Écoute, t'es grande. On est là dans deux heures. Y a de la salade, du fromage, tu peux faire des œufs, ça ira pour ce soir. Mets la table pour trois.

Solène lâche une expiration forcée et disparaît dans l'escalier. Jérôme enfile sa combinaison, saisit le bâton de marche posé sous la fenêtre, puis s'éloigne de la maison. Gabin le suit en empruntant un chemin virtuel qui serpente. Il lâche des petits cris stridents puis fait des bonds de marsupilami. Jérôme n'y prête pas tellement attention, Gabin est un contemplatif, un rêveur, avec ses courts moments de folie, comme un chat qui, après une séance méditative, chasserait une proie imaginaire en faisant des sauts obliques et saccadés, en avant, en arrière. Le chemin étroit qui mène aux prés longe la rivière. En fin de journée, le soleil, rasant la surface de l'eau, renvoie des reflets scintillants et cuivrés. Jérôme, aveuglé, fait la même grimace que son fils : l'œil droit exagérément fermé, enfoncé au plus profond de son orbite, et le nez froncé qui forme des ridules. Par endroits, l'ombre portée des arbres laisse apparaître des créatures filiformes inquiétantes, rappelant les bronzes de Giacometti. Gabin scrute maintenant la rivière, c'est souvent en fin de journée que les brochets et les sandres viennent chasser. Son père n'a jamais le temps de l'emmener à la pêche et il n'a pas le droit d'y aller seul tant qu'il ne sait pas bien nager. Il faudra attendre le CM1 et les cours obligatoires du mercredi à la piscine de Saint-Arbord. Malgré la liberté qu'il y gagnerait, Gabin n'est pas pressé. Solène lui a déjà raconté comment ça se passait : Rodrigue, un maître nageur au visage creusé par trop de soleil et aux cheveux blancs et frisés, attrape les enfants frileux par le bras et les jette directement dans le grand bassin, sans ceinture ni brassards. Au jeune baigneur ensuite de se débrouiller avec plus ou moins l'aide d'une perche froide que tend par intermittence le professeur aux yeux bleu électrique.

Jérôme soulève le piquet de la barrière. Certaines vaches sont tout au fond du champ. Jérôme n'a pas besoin de les appeler, elles arrivent toutes d'elles-mêmes, pressées qu'on soulage leurs mamelles. Certains jours, il s'amuse à singer un briolage, ce chant que les anciens de la région pratiquaient au siècle dernier. C'est le père Chauveau, de l'association Patrimoine et Paysannerie, qui le lui a appris. Ce soir, pas de folklore. Le troupeau suit docilement le chemin jusqu'à l'étable. Jérôme et son fils ferment le cortège. Gabin fait des gestes désordonnés et convulsifs censés conduire plus vite les vingt-cinq vaches vers le bâtiment.

– Gabin, recule, c'est dangereux !

La marche régulière des bovins est rompue à l'entrée de la salle de traite. Jérôme doit les aiguiller, les retenir, les stimuler afin de les faire pénétrer une par une dans le couloir qui mène aux cornadis. Des sabots dérapent, dans un bruit de précipitation. La queue et le cou des vaches agissent au contraire comme des balanciers parfaitement coordonnés. Une fois le troupeau installé, le lavage des trayons peut commencer. Ils sont durs comme de l'argile séchée.

– Mon Gabin, regarde bien comment je fais. Une seule serviette par animal. Faut surtout pas frôler le pis, on nettoie juste les trayons.

– Pourquoi ? Ça fait quoi ?

– Ça peut s'infecter.
– Et ça fait quoi après ?
– Ben, faut la soigner et on perd du lait.

Jérôme trempe une serviette dans un mélange d'eau chaude, de glycérine et d'huile essentielle de romarin. Il faut s'appliquer, la canicule est d'autant plus une menace. Après avoir vérifié la fluidité du lait, Jérôme pose les gobelets trayeurs. Gabin se poste à quelques centimètres du pis.

– Tu veux essayer, mon grand ?
– Non, je suis nul.
– Pourquoi tu dis ça ? T'es pas nul, loin de là, faut apprendre, c'est tout.

Gabin retourne vite à ses pensées. Il avance au ralenti en imitant le son des machines et les pressions métronomiques à l'intérieur des tuyaux. Jérôme sait bien que la moindre mission engendre immédiatement un stress chez son fils. L'école n'a pas arrangé les choses. En début d'année, Gabin a fondu en larmes quand il a raconté sa journée à son père : la maîtresse avait exposé sa copie tachée et l'avait traité de gros cochon devant tous les élèves. Gabin avait dû supplier son père de ne pas appeler le directeur comme il avait menacé de le faire. Même s'il a toujours été un bon élève, Jérôme n'a jamais supporté l'esprit de compétition qui règne à l'école. Il estime que c'est pire aujourd'hui. Pour les enfants de notables ou d'instituteurs, la compétition commence dès la primaire : on prépare les nouvelles générations à devenir des prédateurs et des consommateurs. Certains sont informés très tôt de l'existence des grandes écoles. Ils savent que tout se joue dès le collège. Qu'après le bac leur parcours scolaire sera ausculté, vérifié, comparé. Certains parents se battent pour ça et ne lâchent pas leurs enfants d'une semelle. Même pendant les vacances scolaires, des stages de perfectionnement sont organisés partout en France par des sociétés comme Acadomia ou Cours Academy. Si dans les années 80 c'était loin d'être parfait, les prolos avaient encore leur chance. Le marché éducatif n'était pas aussi présent. La marchandisation de l'école n'était pas apparue mais il était déjà question d'instruire sans éduquer. L'école s'ouvrait peu sur la famille. Presque aucun élève de Levroux ne fera partie des élites. Les plus brillants viendront d'ailleurs, des écoles privées des grandes villes ou du public des beaux quartiers, ce qui revient au même. Les écoles les plus performantes s'offrent déjà les meilleurs élèves et réclament la désectorisation. Ces élèves brillants n'auront pas à prendre l'ascenseur social. Les autres resteront sur le carreau, parqués dans leur conflit de loyauté. Ils choisiront le camp des parents. Ils feront rapidement un blocage des apprentissages et seront aiguillés vers un CAP ou un BEP. Ils seront au moins rassurés de ne pas avoir trahi leur milieu. Jérôme rabâche souvent qu'il ne s'est pas fait tout seul et que c'est grâce à ses professeurs s'il est devenu ingénieur. L'école permet-elle encore ça aujourd'hui ?

Le lait poursuit sa course dans le lactoduc en inox et vient se jeter dans le tank. Sans tout cet amas de bouse séchée et de paille, ces mouches qui virevoltent et ces chats postés sur les poutrelles, on pourrait se croire dans un laboratoire. Jérôme analysera son lait une fois qu'il sera refroidi. Étonnamment, la traite d'aujourd'hui est satisfaisante, il s'attendait à moins.

– J'ai faim, papa. Quand est-ce qu'on y va ?

– Encore cinq minutes, tu vois bien qu'il faut que je range.

Jérôme essuie les trayons et rassemble les serviettes dans un grand sac en toile de jute. Le jour décline un peu plus chaque minute. D'habitude, les vaches sont déjà dans le pré. Jérôme a des gestes d'agacement. Plus il se dépêche, plus il devient gauche et semble perdre du temps : un trayeur mal raccroché, une serviette lancée à côté du sac, le robinet du jet mal fermé. Gabin suce patiemment la tétine que forment son index et son majeur.

Jérôme reconduit le troupeau avec un fils à la traîne, geignard. Il l'encourage. Il fait presque nuit, le ciel laisse déjà apparaître quelques étoiles et l'atmosphère, ayant absorbé une forte quantité de lumière ces dernières semaines, donne à la lune une teinte mordorée. Le troupeau n'est plus qu'une ombre se fondant avec l'attitude spectrale des branchages.

Quand Jérôme et Gabin arrivent enfin à la maison, le rez-de-chaussée est plongé dans la pénombre, à l'exception de la cuisine où l'applique en porcelaine de l'évier est restée allumée. Il flotte une odeur de beurre brûlé, d'albumine et de fromage frais. La table est dressée avec seulement deux assiettes. Une troisième sèche sur un chiffon à carreaux posé sur le plan de travail.

– On se lave les mains avant de passer à table, Gabin.

– Oh, j'ai plus envie de manger, je voudrais me coucher.

– Ah bon ? Chouine pas, mon grand, c'est vrai qu'il est un peu tard. Moi non plus je n'ai plus très faim.

Jérôme a gardé sa combinaison, comme s'il s'agissait d'une seconde peau. Il sait que Marion n'aime pas ça, qu'elle trouve ça crado. Seulement l'été, il est à moitié à poil là-dessous. Il ne va quand même pas se balader en slip dans la maison ? À l'étage, il aperçoit de la lumière sous le bas de la porte qui donne sur l'escalier. Solène doit réviser. Il prend son fils par l'épaule, le serre contre sa hanche et entre dans la chambre parentale. La lampe de chevet est allumée, Marion qui somnolait se retourne vers Jérôme et Gabin, dans un sourire à la fois fatigué et apaisé. Elle a une voix pâteuse :

– Hum, je crois que je me suis endormie. T'es pas encore couché, mon grand ?

– Il m'a bien aidé à la traite, tu sais. On n'était pas trop de deux. Comment tu te sens ? Tu as repris du Doliprane ?

– Oui, il y a une heure, je crois. Mais ça fait moyennement effet.

– C'est normal, c'est la première nuit.

– Oui, peut-être. T'as encore ta combi ? Allez, Gabin, brosse-toi les quenottes et au lit. Mais avant, tu viens m'embrasser.

Le petit s'exécute en traînant tout son corps vers le lit, les bras mous et ballants.

– Maman, est-ce que je peux aller directement au lit ? Sans me brosser les dents ? J'en peux plus.

– Ça va pour aujourd'hui. Dors bien, mon ange.

– Tu vas pas perdre ta main alors ?

– Ne t'inquiète pas, mon chéri.

– Bonne nuit, maman.

Jérôme sourit. Une grande mélancolie voile son regard. C'est sa façon d'être attendri. Gabin sort de la chambre. À l'étage, les cloisons en placo sont si fines qu'on peut l'entendre ôter son bermuda en toile et pousser un soupir de satisfaction quand son corps lourd fait enfin grincer les ressorts du sommier.

– Dans cinq minutes, il dort du sommeil du juste, s'amuse Marion.

– Il fait une chaleur à crever ici, ma pauvre. Solène aurait pu t'ouvrir la fenêtre, elle pense vraiment à rien.

– Ne sois pas trop dur, on va avoir besoin d'être soudés ces prochains jours.

– Tu la défends tout le temps. Tu as vu comme elle me parle ?

– Arrête, chéri, elle a quatorze ans. Tu ne vas pas te battre contre une enfant.

– N'empêche qu'elle me gonfle à jamais rien écouter, à faire comme si j'avais tort tout le temps.

– Allez, Jérôme, calme-toi, essayons de nous coucher tôt. Tu as fait la demande d'inscription ?

– Je viens juste d'arriver, tu vois bien. Et j'ai encore toutes mes données à rentrer.

– Ça prend à peine un quart d'heure. Il nous faut quelqu'un dès la semaine prochaine.

– Je passe d'abord sous la douche, puis j'irai sur l'ordi pour trouver ce wwoofeur, qu'est ce que c'est moche comme nom, on dirait un chien qui aboie.

Jérôme tire sur les deux fermetures Éclair blanches de sa combinaison, laissant apparaître sous son marcel un torse broussailleux, parfaitement dessiné et une peau nervurée entre les aisselles et la poitrine. Il porte un slip de coton blanc, un peu distendu aux extrémités. En dehors de la peau des bras, du visage et du cou qui tire sur le brun foncé comme si elle était boucanée, le reste du corps est d'une blancheur lactée. Ses jambes sont grossièrement dessinées et semblent bien plus courtes que le tronc. Marion le regarde, sans jugement et sans désir : elle se demande quand ils ont fait l'amour pour la dernière fois.

7

Son père a fini par obtempérer sans chercher à comprendre. Ce matin, il l'a déposée un peu avant la rue de l'Avenir, à cent mètres de la boulangerie. Le collège est à trois minutes à pied. Solène longe le gymnase. C'est une construction boiteuse dont l'agencement de tôles mates et de plexiglas poli rappelle les formes anguleuses et décharnées des Lego Technic. Le bâtiment n'est pas très ancien mais présente déjà un caractère défraîchi : des coulures rosâtres, formées par l'oxydation du métal et de la pluie, ont dégouliné sur le crépi beige de la partie basse de la façade. Derrière les thuyas, Solène devine le tennis désert. Demain, le terre-plein sera piétiné par des baskets faisant du surplace, des glacières électriques, des pieds de parasols et des joueurs allongés cherchant à retrouver un rythme cardiaque raisonnable. Tout le week-end, les matchs vont s'enchaîner. Solène n'a jamais raté un seul tournoi. Sa mère non plus puisqu'elle tient la buvette du club d'habitude, flanquée de Gabin, qui, durant des heures, fait tournoyer les glaçons dans l'immense poubelle noire servant de seau à boissons. Elle passe alors sa journée à écouter, dans une neutralité déconcertante, les adhérents du club. La plupart déblatèrent, sur les commerçants ou se lancent dans un exposé de leurs vacances, en Croatie ou au Maroc. Marion ne les juge pas, au pire elle sourit, gentiment. En l'espace de quelques minutes, on parle aussi bien de la montée de la violence que des astuces ménagères pour récupérer un polo taché par le vin, ou encore de la sexualité de Macron. Des échanges verbaux rythmés par le son de la balle où se mêlent les invectives des joueurs qui protestent et des exaltations rocailleuses selon la nature du point.

Hier, en fin de journée, Solène s'est pris la tête avec son père : elle avait imaginé que samedi il les conduirait au tennis, qu'une première sortie serait même fortement recommandée pour sa mère. Jérôme, balayant sa requête, est parti dans une logorrhée méprisante :

– C'est une blague ? Tu n'es pas sérieuse, Solène ? Le week-end, tu m'aides. Tu veux que je te parle des rouleaux de grillage qui m'attendent sous le hangar ? Des oignons qui vont être trop mûrs si personne ne s'en occupe ? Du caillé qu'il va falloir mettre dans les moules ? Moi personnellement je n'aurai pas le temps. On fait quoi ? On laisse tomber et on balance tout dans le fossé ? C'est ça que tu veux ?

– Attends, c'est bon, je ne suis pas ton esclave et j'ai promis à Margot que je venais. Pourquoi tu demandes pas à Duprat ? T'abuses avec tes fromages.

– Tu ne me parles pas comme ça, Solène ! Tu fais chier. Y aura pas de sortie. C'est pas négociable. C'est tout. J'ai besoin qu'on m'aide, merde !

– C'est dégueulasse.

Comme un barrage qui romprait sous un courant soudain et violent, la colère de Solène a cédé sur la dernière syllabe, laissant éclater une peine chargée de larmes fines et chaudes. La porte de sa chambre, en claquant, a réveillé Marion. Jérôme est aussitôt parti rejoindre ses vaches, une horloge vissée sur le cœur. Les rares fois où il commence la traite en retard, il trouve toujours un responsable, justifiant que lui n'est jamais en cause. *C'est pas vrai* sera sans doute la phrase qu'il aura le plus prononcée dans sa vie. Toujours ce sentiment que le sort s'acharne. *Qu'est-ce que j'ai fait pour mériter ça ? Me voilà bien puni. Je m'en doutais. C'était trop beau pour être vrai.* L'accusation permanente de son entourage qui n'a jamais rangé les ciseaux au bon endroit, qui a oublié le sel sur la table ou déplacé de quelques centimètres un banc pour qu'il se cogne le petit doigt de pied, est une chose que sa famille s'est transmise, de génération en génération. Sur son lit, Solène a commencé à sangloter. Des sanglots de plus en plus saccadés et gras. Des sanglots qui attendent une réponse. Marion est sortie de sa chambre, le pas lent, afin d'éviter que la moindre vibration ne vienne amplifier la douleur de sa main. Gabin, assis en tailleur sur le palier, a fait sa tête de clown en ouvrant exagérément la bouche et lâché :

– C'est pas moi.

Marion a frappé à la porte :

– Solène, je peux entrer ?

– Toi oui, mais pas Gabin.

Marion a trouvé sa fille noire de mascara sous les paupières, une mèche de cheveux furieusement dressée sur le crâne et une légère coulée de morve aux extrémités du nez. Quand Solène pleure, le blanc de ses yeux, bien que gorgé de larmes, ne rougit presque pas. Ses iris couleur d'huître, d'un vert émeraude magnétique, lui donnent un regard insondable et aussi étrange que celui d'un serpent. Marion s'est évertuée à réconforter sa fille pendant plus d'une demi-heure, tout en essayant de justifier la tension présente dans la famille depuis l'accident. Un exercice pédagogique délicat où il faut en même temps légitimer le chagrin de Solène sans accabler son père. Marion a souvent redouté de perdre le lien avec sa fille une fois l'adolescence arrivée. C'est bel et bien l'inverse qui s'est produit et leur complicité s'est accentuée à mesure que Solène s'éloignait de son père. Pourtant, Marion se dit souvent que sa fille est la copie conforme de Jérôme qui au moindre obstacle explose, s'indigne, s'agace. Perchée au-dessus des angoisses existentielles de son mari et de Solène, Marion aime être celle qui cautérise, qui apaise. Une fois les traces de pleurs disparues, les yeux démaquillés grossièrement à l'aide d'un mouchoir, il a été admis que Solène aiderait quand même son père ce week-end, de 14 heures à 19 heures, afin qu'elle ait du temps pour réviser le matin. En échange, elle aurait le droit d'aller à la fête de la Saint-Jean à 21 heures, avec la permission de minuit trente. Son père irait la chercher. Certainement le meilleur compromis pour Solène, même si passer l'après-midi dans les odeurs de lait caillé et de saumure la répugne d'avance.

Solène arrive à la hauteur du centre socioculturel. Elle tourne à droite, en direction d'un parking vide. Son cœur est une boule de papier d'aluminium qui, à partir d'un certain stade, ne peut plus se serrer davantage. Baptiste devrait déjà être là. Depuis mercredi, elle ne pense qu'à lui : à sa main repoussant une mèche de cheveux bruns vers le sommet de son crâne, dégageant ainsi son visage légèrement émacié, à sa peau nette, tonique et rasée de près, qui ne trahit aucune imperfection, à sa mâchoire puissante laissant apparaître des dents larges, parfaitement alignées. Elle aime ses lèvres qui forment la plupart du temps un rictus moqueur, comme s'il s'agissait d'un mode de défense. Elle cherche sans cesse le goût de sa salive. Elle voudrait sentir le jus de sa peau, acide et salé. Même les actes les plus vitaux, comme boire ou manger, sont devenus secondaires. Quand elle est arrivée au collège, le lendemain de l'accident, elle ne l'a pas vu tout de suite. Ce matin-là, comme tous les jeudis, sa classe a basket. Les élèves doivent déposer leur sac dans les anciens vestiaires qui, depuis la construction du complexe, ne servent plus qu'à entreposer des ballons, des cerceaux et des plots de toutes les couleurs. Au moment où Solène laisse son sac rejoindre un patchwork de cartables, une force l'enveloppe et la plaque contre le mur. Une bouche déterminée s'enfonce immédiatement dans le haut de sa nuque. Sur l'instant, elle n'essaie pas de se défendre. Au contraire, elle se recroqueville afin de calmer son agresseur. Léger cri de détresse, aussi sec que des dents qui claquent. La seconde d'après, tandis que la griffe a lâché sa proie, elle relève la tête et aperçoit Baptiste, l'œil hébété et confus. Elle a les yeux aussi noirs que de l'encre humide :

– T'es grave, tu m'as foutu les boules. On aurait pu nous voir en plus.

– Et alors ?

– Et alors pas comme ça, et pas ici.

Baptiste s'approche encore et plaque un baiser sonore sur sa bouche contre la sienne, comme pour se donner l'illusion qu'il a l'ascendant. Solène s'en veut immédiatement d'être si coincée, si distante. Elle ne le recroise pas de la matinée. Pendant la récréation de midi, juste avant le deuxième service, elle se fait violence et crache le morceau à Margot.

– Sérieux, t'es sortie avec lui ? Pourquoi il vient pas t'embrasser alors ?

– Je t'ai dit, je ne veux pas, pas comme ça, pas devant tout le monde.

– T'aurais plutôt intérêt. Il pourrait vite te larguer comme une merde.

À 17 heures, une rangée de cars scolaires attend le long de la grille. La plupart des élèves habitant dans différents villages du canton, parfois des hameaux aux noms aussi ridicules qu'improbables, il ne faut pas moins de trois cars. Ils restent à l'arrêt, moteur allumé, un bon moment avant le départ, crachant sans scrupules leur oxyde d'azote et leurs hydrocarbures. Plusieurs groupes d'une trentaine d'élèves attendent sagement devant les marquages blancs sur le goudron de la cour. Tant que les cars sont là, on peut considérer que cette dernière récré n'est pas terminée. Le Yams arrive en paradant avec une petite bande. Baptiste, sourire gêné, a visiblement vendu la mèche. Dylan prend l'accent d'un jeune de banlieue et gueule sans cesse :

– Elle est où ta meuf, alors tu vas voir ta meuf ? Tu l'emballes ou quoi ? Allez, gros, tu partages ?

Le Yams, aux allures de grand frère, faisant une tête de plus que le reste du groupe, passe une main adoubeuse dans les cheveux de Baptiste, comme s'il avait marqué un but décisif. Solène fait sa tête embarrassée, avec ce regard dur et menaçant d'un animal en danger. Seul le sang venant dilater les vaisseaux de ses joues trahit sa panique. Margot la pince alors dans le bas du dos.

– Putain, va l'embrasser. T'es conne ou quoi ? C'est l'archouma sinon.

Solène part en direction de Baptiste, comme télécommandée par une force inconnue. Quand elle arrive à la hauteur du groupe, elle n'en mène pas large. Baptiste s'avance vers elle et pose un bras sur son épaule : on ne voit plus leurs visages, comme si les deux bouches s'étaient avalées mutuellement ou aspirées, dans un courant de salives, de langues et de souffles forts. On peut juste contempler la longue veine puissante qui parcourt le biceps de Baptiste : les pompes quotidiennes ont fini par payer.

En relevant la tête afin de reprendre sa respiration, Solène aperçoit au loin la Clio. Son père, à cette distance, ne peut pas la voir. Les élèves fourmillent un peu partout, portant sur le dos cette excroissance de tissu et de cuir donnant aux collégiens des attitudes de forçats ou de Quasimodo. Au moment où elle s'éjecte de ses bras, Baptiste, comme pour la retenir un peu, lui glisse :

– Demain, à 9 heures moins le quart, sur le parking du centre socio, tu peux ?
– Oui je vais voir, en principe oui.
– T'es sûre ?
Solène prend une seconde de réflexion :
– Oui, c'est OK.

Maintenant elle se trouve là, seule, sur ce parking qui ressemble à une impasse. Les bretelles de son sac, chargé du traité de Rome, d'algorithmes, d'ions et de trigonométrie, lui chauffent les épaules. Au bout d'une minute aussi longue que le verdict d'un jury, Solène voit apparaître Baptiste, la démarche traînante et les épaules qui oscillent de gauche à droite : les derniers mètres sont interminables. Elle aimerait détacher son regard du sien mais elle insiste au contraire comme si elle avait le pouvoir de lui crever les yeux. Quand il arrive enfin à sa hauteur, ils s'embrassent d'abord lentement : la pulpe des lèvres picoterait presque tant ils se frôlent. Baptiste dégage une odeur de frais, de matin propre et de gel sucré. Elle n'a pas le temps de rouvrir les yeux que la langue de Baptiste, après avoir forcé le barrage de ses dents, s'enroule autour de la sienne : deux organes musculeux qui aimeraient s'enfoncer le plus loin possible, repoussant sans cesse les limites de leur frein. Sous l'impulsion de Baptiste, les corps reculent, au ralenti : un pied, puis l'autre, comme un pas de tango un peu gauche, jusqu'à ce que le dos de Solène soit stoppé par un poteau électrique. Là, Baptiste enfonce sa tête dans le creux de la nuque de Solène et sa main cherche à attraper son cul musclé. Il se ravise, les fesses prisonnières du jean serré n'offrant quasiment aucune prise. Alors sa main remonte sur le sein droit et il fait des mouvements circulaires assez vagues, comme s'il malaxait de la pâte à pain. Solène trouve ça pénible, elle met fin rapidement à l'atelier boulangerie :

– Putain, Baptiste, merde, quelle heure il est ?

– Détends-toi, tu m'as fait peur. T'as raison, faut filer.

– Au fait, je ne vais pas aller au tournoi.

– Non, tu déconnes ?

– Je dois rester avec ma mère, elle a super mal.

– Les boules, ça fait chier.

– Par contre, je viens le soir, pour la Saint-Jean.

– Heureusement. On va se voir aujourd'hui ou tu comptes encore te cacher ?

– Oui, t'inquiète, enfin j'ai beaucoup de cours, et puis tes potes, là, Dylan surtout, c'est relou.

– Dylan, il est hyper drôle, faut le connaître, c'est tout.

– Ça peut pas être pire que Le Yams.

Les deux adolescents se pressent pour faire les trente mètres restants, comme si ça pouvait annuler leur retard. Leurs souffles sont désynchronisés mais leurs épaules se collent par instants, avec une régularité de montre suisse, donnant un mouvement robotique à leur démarche. Au moment de franchir la grille, une sonnerie anxiogène annonce la fin de la récré. Solène lâche la main de Baptiste.

8

– Il est végan. Bah, c'est pas gênant ? Si ?

– Qui est végan ?

– Rien, ma chérie. On a peut-être trouvé la personne qui va aider papa.

Solène a le don d'entrer subitement dans une pièce sans qu'on l'entende arriver. Elle se glisse aussitôt dans la discussion comme si elle en était l'initiatrice.

– Et je le connais ?

– Non, il arrive de Lozère. Tu sais, on t'a expliqué, on appelle ça un wwoofeur. Il s'appelle Théo. C'est beau Théo non ? On lui offre le gîte, le couvert et, en échange il travaille avec nous. Les fermes bio du monde entier font ça, tu sais.

– En gros, c'est un larbin comme moi, sauf que, pour lui, c'est un choix, c'est ça ? Carrément débile.

Jérôme ne releve pas l'esprit de provocation dans lequel sa fille se pavane. Marion lui a fait promettre d'acheter la paix plutôt que jeter systématiquement de l'alcool sur les braises. Solène remonte l'escalier, bruyamment cette fois-ci, hésite, puis redescend :

– Attendez, il va dormir où ce type ?

– Justement, on voulait vous en parler. Il va falloir que tu partages ta chambre avec ton frère.

– Quoi ? Même pas en rêve.

Jérôme jette son regard dans le vide. On dirait que son corps est plongé dans un bain de coton noir. Il attend que Marion arbitre la discussion afin d'éviter de n'être que maladresse, exaspération et reproche.

– Ma chérie, c'est pour cinq semaines seulement, peut-être six, le temps que ma main aille mieux.

– Putain, c'est nul, pendant les vacances en plus. Il n'a qu'à dormir à l'hôtel. Et je vais vous dire…

Sa voix distordue est alors couverte par le bruit de ses pas pesants dans l'escalier. On n'entend que les derniers mots « nul, nul, nul », puis la porte qui claque.

Jérôme savait que la pilule serait dure à avaler. Les relations entre Solène et son frère ont toujours été compliquées. Dès la naissance de Gabin, une culpabilité sourde s'est infiltrée dans le couple et les jeunes parents ont surprotégé leur fille. Pour Solène, le déménagement est définitivement associé à l'arrivée de son frère. C'est à cause de lui qu'ils sont venus vivre ici. À cause de lui qu'elle doit partager, faire une place. Solène le voit comme un poids, une erreur, un papillon ridicule qu'on se ferait bêtement tatouer sur la cheville le jour de ses dix-huit ans. D'ailleurs, on ne compte plus les Playmobil Country ou les Petshop venus monnayer les jalousies, le Rubik's Cube ou les Kapla récompensant un geste aimant envers le petit frère, et même, plus récemment, des tops à bretelles ou des bracelets. Gabin reste ce grain de hasard qui enraye la machine. Elle se dit que sans lui sa vie n'aurait connu que des moments de bonheur. Souvent, elle imagine une route dans les Alpes, son frère en voyage avec l'école, la plaque de verglas, l'embardée, la barrière de sécurité qui ploie et stoppe violemment le véhicule, le pare-brise soufflé, en mille morceaux. À la fin, seul Gabin passe à travers. Son corps est éjecté, mais avant de s'écraser sur la roche glacée il flotte dans les airs quelques secondes au-dessus des conifères, dans un silence sentencieux.

Jérôme ne se réjouit pas non plus à l'idée d'héberger un inconnu. Son intimité s'élargit vers des territoires aussi vastes qu'inattendus. Que l'on sache en ville que sa femme s'est coupé le doigt avec une machine à patates le rend malade : que va-t-on penser ? Un jour, Marion a invité le facteur à prendre un café. Dans la cuisine, l'homme à la casquette allait découvrir le lambris miteux, ce bois cheap et vieillot qu'ils auraient dû changer dès leur emménagement. Jérôme en était furieux.

Et pourtant, la visite d'un voisin l'angoisse beaucoup plus que l'idée d'héberger pendant six semaines le wwoofeur. Jérôme est même très intrigué par ce garçon de vingt-quatre ans à la trajectoire atypique et spirituelle. Dans son mail, Théo parle d'abord de sa première passion, l'acrobatie, et des spectacles de rue. De son passage au Centre national des arts du cirque. Puis de sa découverte à vingt ans, lors d'un voyage en Inde avec des amis circassiens, d'une cité expérimentale, au nord de Pondichéry : Auroville. Un endroit en forme de galaxie spirale, créé par un architecte français dans les années 60. Cette ville, censée appartenir à toute l'humanité et réunissant des gens venus des quatre coins de la planète, l'a transformé. Ses amis sont repartis, lui y est resté. Trois ans et beaucoup de révélations : la spiritualité non religieuse, les énergies renouvelables, l'abolition de la propriété privée, la possibilité d'une décroissance. Là-bas, il a eu la chance de rencontrer Gaspard Steiner, le fameux philosophe paysan qui a été le premier à sensibiliser les Français aux désastres écologiques de notre planète. Gaspard lui a proposé alors de le rejoindre en Lozère, afin de travailler chez lui, dans la ferme des Ormeaux. Théo se forme à la permaculture et décide de faire un tour du monde en tant que woofeur. À la fin de son mail, il parle de la joie qu'il aurait à commencer son long voyage par les Maisons Rouges, y voyant là un signe : à Auroville, la maison où il était hébergé s'appelait Red House.

Jérôme porte son index à sa bouche et vient le loger entre ses lèvres, légèrement plié, effleurant à peine ses dents. Il prend un temps sans respirer, ses yeux jaugent le silence et avalent toute l'énergie de sa réflexion.

– Bon, il a l'air super ce Théo. Je lui réponds que c'est OK. Avec un peu de chance, dès lundi il est là.

– Il va venir à pied, tu crois ? Tu penses qu'il acceptera de prendre les transports en commun ? s'amuse Marion.

Jérôme lui renvoie ses yeux rieurs, ça faisait bien longtemps que la douceur ne s'était pas infiltrée sur son visage triste.

– T'es con, dit-il. Tu parles à Solène ? Ou on attend un peu ?

– Je vais m'en occuper. Il faut surtout coucher Gabin.

Jérôme se retourne vers l'ordinateur. Le jour a considérablement faibli. L'écran projette une lumière bleue sur sa barbe. À l'étage, on entend le bourdonnement aigu des brosses à dents, le bruit sec de la cuvette des toilettes, quelques murmures, des grincements de portes, un baiser sonore et insistant qui s'enfonce au plus profond de la joue. Puis plus rien. Marion descend prudemment l'escalier et se blottit dans le plaid en laine qui recouvre le canapé. L'écran absorbe toute l'attention de Jérôme, il n'est plus qu'un individu qui compte, remplit des cases, écrit, efface et valide. De temps en temps, il s'arrête, marmonne et pousse un grognement, comme un vrombissement de mobylette qui aurait du mal à démarrer. Il murmure quelques *c'est pas vrai* en dodelinant de la tête puis finit par éteindre l'ordinateur. Il découvre la présence de sa femme, à peine surpris.

– Pfff, la connexion est vraiment pourrie en ce moment. J'ai quand même répondu à Théo, fait les comptes et rempli le cahier sanitaire. On va se coucher ?

– Oui, je suis naze et ma main me lance. Je vais reprendre un truc. Comment on fait pour terminer à chaque fois aussi tard ?

– Demain Solène va m'aider, on devrait terminer plus tôt.

– Sauf que tu vas la rechercher en ville après la fête.

– Putain, j'avais oublié. Je suis bien sympa de le faire. Tu remontes de l'eau ? Faut que je ferme les volets.

Jérôme s'avance d'un pas lent vers les fenêtres ouvertes. Le frais commence à s'engouffrer dans le salon, apportant des odeurs de paille et de sécrétions bovines. La stridulation métronomique des grillons, appuyée au loin par l'insistance des batraciens, donne à la nuit un caractère réconfortant. Jérôme gonfle exagérément le torse, jusqu'à ce qu'il sente une légère douleur au niveau du sternum. Son expiration lente, saccadée, est insuffisante pour expulser la boule d'angoisse qui lui ruine le ventre.

9

À part les pouces, tous les doigts sont occupés à soulager le cuir chevelu. Les ongles, en raclant la peau striée de rougeurs, recueillent une pâte grasse, mélange de sébum et de peaux mortes. Par moments, Solène met fin à ses ratissages convulsifs en s'octroyant une pause qui consiste à balayer du bout des doigts les épaules de son polo. Une pluie de pellicules, fines et translucides, saupoudre alors le clavier de son PC, allant parfois jusqu'à se blottir sous les touches. Ça fait une heure que Solène est assise à son bureau, désœuvrée. Pour la première fois depuis des semaines, elle pose un regard vague sur les annales du brevet et leurs minuscules marque-pages fluo qu'elle a pris soin de classer par code couleur : vert pour les leçons parfaitement digérées, orange pour celles où le réflexe pavlovien ne va pas encore de soi. Dès le début des révisions, les rouges ont rejoint les fournitures du troisième tiroir du bureau, avec les bracelets brésiliens censés lui faire gagner le cœur de Baptiste. Finalement, elle n'aura pas eu besoin de ces porte-bonheur tressés pour que son vœu se réalise. L'accident de sa mère aura eu le très grand mérite de l'envoyer chez les Faugère. Maintenant c'est une obsession : la peau brune de Baptiste, ses veines bleues courant le long de son cou, son fin duvet de poils remontant jusqu'au nombril qu'elle n'a pourtant qu'entraperçu. Les régimes totalitaires des années 30 sont délaissés en faveur d'un coude saillant, d'une bouche charnue. Si précises soient-elles, ces reproductions mentales ne sont pas suffisantes. Ce qui lui manque le plus, c'est le parfum et cette vapeur qui s'échappe de son dos, de ses aisselles. Elle cherche en vain à stimuler ses muqueuses olfactives. Elle supplie ses neurones récepteurs. Elle maudit son cerveau incapable de ranimer ce mélange de bois de santal et d'humus. Cette odeur qui évoque tour à tour les grands espaces des steppes mongoles, la moiteur des forêts amazoniennes qui accompagnent généralement les pubs pour les gels douche, ou les salons capitonnés du palais de Buckingham qu'elle avait visité en cinquième. Si seulement, comme la plupart des élèves de sa classe, elle avait un smartphone, elle pourrait aller sur le profil Instagram de Baptiste. Avec Margot, qui a hérité du vieil iPhone de son père, elle regarde souvent les feuilletons de ce crétin de Dylan qui se la pète avec ses vidéos d'ASMR, consistant à gratter lentement les poils de son maigre bouc ou à mâcher au ralenti un reste de cookie. À la maison, elle doit se contenter des réseaux sociaux pour vieux, comme Facebook. Presque personne de son école n'y va. Qui aurait envie de liker les rifles des pompiers ou le compte rendu des Journées du patrimoine ? Pourtant, depuis ce matin, elle appuie régulièrement, avec nervosité, sur la touche *enter*, comme si la page d'actualité pouvait rafraîchir plus vite. Solène espère trouver de nouvelles photos de Baptiste sur le profil du docteur Faugère. Elle sait bien qu'elle a plus de chances de tomber sur une biche sauce grand veneur et une bouteille de Saint-Estèphe 1998 au restaurant La Tournelle, ou sur ses mains brandissant des canards au bec ensanglanté pendant une partie de chasse avec son copain Patureau. La connexion est lente et décroche souvent. Elle pense à son père qui la bassine avec ses années étudiantes, son premier ordi, un Internet bas débit relié à la ligne fixe du téléphone, la mélodie robotique crachant ses bruits blancs et roses, l'attente interminable. Solène trouve que les choses n'ont pas beaucoup évolué depuis. L'an dernier, sa mère lui a raconté qu'il avait été question d'installer la fibre dans le canton. Les uns prétendaient que c'était la seule solution pour faire venir des citadins graphistes, webmarketeurs, architectes et tous les adeptes du télétravail sous haut débit. Les autres ne comprenaient pas de quoi il retournait. L'adjoint au maire, dont l'ironie bonhomme masque à peine l'arrogance, a fini par trancher, fort d'un argument qui a su convaincre le plus grand nombre :

– Dans quatre ans, vous verrez, ils nous trouveront autre chose, encore plus rapide, une cabine à téléporter ou un truc dans le genre, alors autant attendre. Les dossiers prioritaires ne manquent pas, que je sache, passons au ravalement de l'EHPAD, si vous voulez bien.

Solène a toujours ce sentiment que le monde tourne loin d'elle, qu'il y a quelque part, dans les grandes métropoles, quelque chose de plus beau, une force qui élève, qui rend insaisissable. Partout où elle va, il y a cette boue meuble et grumeleuse qui colle à ses Converse, comme une couleur de peau ou un habit régional. À Levroux, les gens se foutent d'avoir un train de retard. Ils veulent juste être dans le train. Le père de Solène rappelle souvent que la plus grande force des gens d'ici, c'est la force d'inertie. Ça le rend fou, cette étanchéité au réchauffement climatique, cet aveuglement face aux urgences écologiques : il se sent bien seul avec ses angoisses de paraben, de glyphosate, de perturbateurs endocriniens, d'abeilles moribondes, de néonicotinoïdes tueurs, de nappes phréatiques qu'on saccage, de permafrost qui dégèle. Solène ne sait pas si elle doit trouver son père alarmiste ou non. Il a cette fâcheuse tendance à exagérer les choses pour être entendu. D'ailleurs, ça crée souvent l'effet inverse, comme un enfant qui passerait son temps à se plaindre d'un mal de ventre bénin et qui, quand la douleur devient vraiment sérieuse, se verrait minimiser sa crise d'appendicite. Bien que souffrant de sa réputation de crier au loup, Jérôme continue de forcer le trait, de façon rageuse, presque menaçante. Les expressions « à la gorge », « joindre les deux bouts », « le début de la fin », « être verni » s'abattent alors comme une pluie de grêlons sur le cerveau de Solène, laissant une empreinte indélébile sur sa journée. Jérôme a le goût de la prophétie *a posteriori* : il s'en doutait, il avait vu la chose arriver. Il parle de malédiction en ponctuant sa plainte de ses deux adverbes préférés : « toujours » et « jamais ».

Solène sursaute, son regard vient de se poser sur le haut de l'écran du PC : 11 h 50. Elle doit aider sa mère à préparer le déjeuner. Autant dire qu'elle va tout faire à sa place. Elle range précipitamment les cahiers à peine ouverts dans son Eastpak. Le livre d'histoire-géo dépasse du sac, elle force sur la tranche récalcitrante et entend un craquement aigu : sa règle en plastique vient de se casser en deux parties égales.

Solène surprend sa mère qui sort les assiettes du vaisselier.

– Laisse, maman, je vais le faire. Je t'ai dit que j'allais t'aider.

– Il est tard. Tiens, dans le frigo, y a des haricots, faut les équeuter.

– C'est relou, on peut pas faire simple pour une fois ? Et Gabin, il pourrait aider aussi, y a pas de raison, faire les haricots, il adore ça.

– Écoute, il est petit. Lui, il ne va pas à la fête ce soir. D'ailleurs j'aimerais bien que tu ne t'en vantes pas trop, ma chérie.

– Vous n'arrêtez pas de le surprotéger, vous allez en faire un cas soc'.

– Sois sympa avec ton frère, il n'attend que ça, de partager des choses avec sa grande sœur.

– Ouais, c'est pas l'impression qu'il me donne. Elles sont encore bonnes les escalopes de poulet ?

– Oui, pourquoi ?

– Je sais pas, je les trouve un peu grises, et puis elles puent.

– Mais non, elles sont normales. Qu'est-ce que tu es désagréable aujourd'hui, ma chérie. C'est sûr qu'elles ne ressemblent pas à un morceau de plastique comme celles des supermarchés.

Solène fait chauffer une poêle en fer, dont le fond noir est parfaitement culotté par des années de cuissons, laissant apparaître par endroits un léger relief, mélange d'amidon et de graisse. La chair des escalopes se rétracte au contact du beurre fondu. Gabin arrive en trombe et fait tournoyer son corps.

– On mange quoi ? Si c'est Solène qui prépare, moi j'en veux pas. Beurk.

– Les enfants, vous arrêtez !

– « Il » arrête, moi j'ai rien dit, pourquoi tu dis toujours vous quand c'est lui ?

– Arrête avec tes toujours, on dirait ton père. Je suis fatiguée.

Marion sort dans la cour. Elle appelle Jérôme plusieurs fois d'une voix lasse et froide. Contre toute attente, il sort du garage avec un rouleau de grillage qu'il pose contre le mur avant de rejoindre sa femme.

10

L'ambiance est électrique et, depuis le début du repas, les enfants jouent la surenchère. Des mots qui jaillissent comme des moucherons avant l'orage, volant bas, percutant tout sur leur passage. Des histoires de premier servi ou simplement des microgestes cryptés dont seuls Solène et Gabin peuvent saisir le sens hostile. Jérôme se contente de renvoyer des regards approbateurs à Marion, dont l'exaspération est de plus en plus visible : visage fermé, longues inspirations, gardant l'air un maximum de temps, la trachée qui se comprime et tire la bouche vers le bas, comme une marionnette à fils. Le message est clair. Jérôme ne sait pas s'il doit sortir du silence dans ces cas-là. Souvent il se contente de gueuler un grand coup et les enfants se statufient. Marion lui reproche systématiquement de le faire au moment le moins opportun. L'accusation est toujours la même : il voyait bien qu'elle était sur les nerfs, il aurait dû apaiser, cautériser, ne pas monter gratuitement dans les tours et déverser la colère de ses ancêtres. Cette fois-ci, il reste détaché et, quand il faut débarrasser la table, il réussit même à inverser l'humeur de la maison. Dans un esprit scout, il distribue les rôles avec un rare enthousiasme : pendant que Gabin passe un coup d'éponge sur la table, que Solène fait couler le café, lui s'occupe du lave-vaisselle. En quelques minutes, ils se retrouvent tous les quatre sur le carré de pelouse du jardin pour prendre le café. Solène s'allonge dans un transat, profitant des derniers rayons de soleil qui lui seront alloués aujourd'hui. Gabin quémande un énième sucre canard à sa mère. Jérôme, un mug à la main, fait les cent pas, le regard perdu au loin, dans les champs de sorgho, de tournesol. Il balaie son territoire jusqu'à la lisière du bois et abrège ces minutes suspendues en frappant dans ses mains :

– Allez on s'endort pas.

– Attends, papa, encore deux minutes.

– Non, Solène, au boulot. En plus, 14 heures, c'est pas le meilleur soleil pour la peau, tu le sais bien. Va chercher ta blouse et celle de ta mère.

Jérôme ne sait pas combien Solène aime son visage quand il est cuivré, quitte à ce qu'il vire à l'orange comme celui des vieilles cagoles. Le bronzage redonne momentanément une peau parfaite, il sèche les boutons, enfouit dans l'épiderme les comédons fossilisés. Jérôme frappe à nouveau dans ses mains, faisant sortir Gabin de sa rêverie :

– Et moi je fais quoi ? Moi aussi je veux faire des fromages.

– Ah non, pas toi, tu vas nous retarder. Maman, Gabin vient pas avec nous, rassure-moi ?

Jérôme laisse échapper un souffle forcé. Solène n'insiste pas. Marion s'approche de Jérôme et pose une main apaisante sur le bas de sa nuque :

– Avant de retourner à tes clôtures, tu peux nous accompagner au labo ? Solène n'a jamais fait le moulage, je peux lui expliquer mais c'est mieux si tu lui montres en vrai.

Marion sourit affectueusement.

– Et puis, ça serait chouette qu'on soit un peu tous les quatre.

Elle caresse la joue de Jérôme qui fait mine d'être surpris :

– OK, je viens avec vous, même si c'est pas bien compliqué. Et puis les fromages, c'est ta partie.

Jérôme pénètre en premier dans la pièce carrelée. Il appelle ça le labo mais, en réalité, ça ressemble plutôt à une minuscule cuisine de cantine de collectivité locale, avec des tables en métal brossé qui accueillent de grands plateaux en plastique blanc et des grilles égouttoirs en inox.

– Gabin, on enlève ses chaussures.

Solène entre la dernière et se tourne vers sa mère :

– C'est immonde, on est obligés de mettre ça à chaque fois ?

Jérôme regarde sa fille enfiler des Crocs orange. Elle s'appuie ensuite jambes croisées contre un mur, comme si elle n'était pas concernée.

Gabin est très excité, il cligne de l'œil droit et balance les bras comme un danseur de boîte de nuit un brin éméché :

– Papa, c'est quoi ce truc ?

Solène, agacée, répond immédiatement :

– Du suc de figue, tu vois pas ? C'est marqué dessus. Et puis arrête de toucher à tout.

– Solène, sois gentille avec ton frère.

– Je suis sympa mais il nous fait perdre du temps avec ses questions idiotes.

Jérôme s'affaire autour de la cuve. Il jette des pincées de sel à l'aveugle comme un enfant qui lancerait du sable puis attrape un couteau aux allures de spatule. Il tranche la matière jaunâtre qui libère aussitôt une eau grasse.

– Regardez comment je fais. Bientôt ce sera à vous de l'expliquer à Théo.

Gabin attrape la manche de son père :

– C'est qui Théo ? Pourquoi on va devoir lui expliquer ?

– Je t'ai déjà dit, mon grand. Théo c'est le garçon qui va venir nous aider pendant plusieurs semaines. Un peu comme Duprat, tu l'aimais bien Duprat ? On appelle ça un wwoofeur.

– Wouaf, wouaf, wouf ! C'est tout pourri comme nom.

– Oui, mon grand, moi aussi je trouve ça ridicule. Mais tu verras, Théo est un garçon super. Allez, on se concentre. Le but c'est d'obtenir un maximum de dés. Après faudra monter à 42 degrés pour que le petit-lait se détache. Solène, tu m'as déjà vu faire ?

Solène acquiesce, les lèvres pincées et le regard tourné vers le sol.

– C'est bon, y a plus qu'à. En attendant, les loulous, sortez les faisselles propres et retournez les tommes d'hier. Je vous laisse.

Jérôme embrasse Marion d'une bouche tonique et furtive, comme pour acter que tout va bien, que la paix est revenue. Il sort du labo puis loge sous son aisselle un grand rouleau de grillage.

Le soleil est brûlant et raréfie l'air. C'est la première fois depuis le début de la canicule que l'azur est tavelé de bouts de nuages presque plats, donnant au ciel une peau squameuse. Jérôme marche péniblement vers le poulailler. Chaque enjambée fait davantage perler son front. Quand il regarde ce bâtiment rouge et blanc en panneaux sandwich, c'est son corps entier qui soupire. Contrairement à ce que le vendeur avait annoncé, il a fallu trois jours pour monter le poulailler avec l'aide de Duprat, qui est pourtant un excellent bricoleur. Les charnières des trappes étaient capricieuses et les gouttières en métal avaient du jeu. Duprat répétait tout le temps que c'était de la camelote chinoise. Ce n'était pas faux, il avait payé ça une bouchée de pain sur un site polonais.

En rajoutant à sa charge de travail un élevage de poulets, il se demande encore comment il a fait pour être aussi naïf et influençable. Duprat lui avait dit qu'il n'y avait rien de plus facile :

– Je vous assure, monsieur Wengler, c'est tout simple, juste un peu de surveillance. Faut quatre mois pour faire un poulet : alors vous prenez trois mille poussins par trimestre et pis en avant Guingamp. Moi, à votre place, je m'emmerderais pas avec la vente directe, vous vous mettez à la colle avec la coopérative et pis c'est marre.

Duprat n'a jamais eu sa propre ferme mais il a travaillé dans l'exploitation de ses parents jusqu'à l'âge de trente-cinq ans. D'après ce que Jérôme en sait, l'histoire avait pourtant bien commencé. Le frère aîné, étonnamment doué pour l'école, avait vite rassuré la famille : bac pro agricole suivi d'un BTSA. La pérennité de l'exploitation était assurée. Duprat pouvait continuer de redoubler, d'échouer de CAP en BEP. Son corps, bien plus trapu que celui du frère, sa fascination pour l'effort physique, son culte de la pénibilité comme seule vérité, son bon sens paysan, en bricolage ou avec les animaux, faisaient de lui un excellent ouvrier agricole. Les deux frères étaient inséparables et complémentaires. On peut dire que les parents étaient fiers de leurs garçons. La ferme répondait aux nouvelles normes européennes. Son frère apportait non seulement des connaissances agrochimiques mais aussi des projets de modernisation de l'exploitation qui avaient convaincu M. Chaix, le directeur du Crédit Agricole. Duprat se laissait piloter, parfaitement à l'aise dans son rôle de gaillard. Son amour du labeur était si insatiable que, le dimanche matin, il lui arrivait d'aider les voisins. Parfois, les deux frères allaient au Pacific Club, une boîte de nuit comptant plus de monde au bar que sur la piste. Le lendemain, au radar, Duprat rentrait des bottes de foin, tondait des moutons, réparait un enclos, la peau nappée d'une transpiration grasse, pleine de toxines, propageant une odeur de bière éventée. Un dimanche matin, il n'est pas venu aider ses voisins comme promis. Au petit jour, les gendarmes ont trouvé la Peugeot 205 encastrée dans l'écorce argentée d'un platane. Duprat n'avait rien, un miracle. En revanche, son frère est resté paraplégique. Il a perdu l'usage de ses mains pendant plus d'un an et s'est enferré dans un mutisme glaçant. En six mois, cet animal sans défense a pris quinze kilos de sucre, de gras et d'alcool. Son regard n'était plus que l'expression de la colère, de la honte de soi. Malgré l'opiniâtreté de Duprat, la ferme a déposé le bilan en moins d'un an. Un matin, les agriculteurs voisins sont venus récupérer les animaux, les machines et les stocks phytosanitaires, qu'ils payèrent la moitié de la valeur réelle. D'autres se seraient flingués pour moins que ça. Pour un troupeau de vaches folles abattu, on avait vu des types s'empoisonner au paraquat ou au chlordécone, des pesticides aussi efficaces qu'un coup de fusil. Duprat était plus costaud que ça. Il devint ensuite l'homme à tout faire : entretien des parcs des notables, des jardins de petites vieilles au printemps, réparation d'une porte de garage en juin, moisson en juillet, installation d'un enclos en mars, tronçonnage de bois de chauffage en janvier. Se faisant payer au black la plupart du temps, afin de conserver son RSA. Très vite, ses parents ont commencé à se tasser, marchant péniblement, d'abord sans canne, puis avec. D'après le médecin, il n'y avait pas grand-chose à faire : un corps qui a passé des années à se baisser, à porter, pousser, tirer ou vibrer finit par ne plus répondre, par lâcher prise, dans la douleur. Puis, en l'espace de six mois, un cancer de la prostate et un arrêt cardiaque les ont réunis au cimetière de la rue du Souvenir. Ils avaient tenu bon pendant trois ans. Trois années à ne vivre que pour leur fils qui au fond de son fauteuil roulant ne savait plus que fumer, manger, boire et regarder la télé. Souvent, il s'endormait bourré, la tête collée sur la poignée de poussée. Duprat le lavait tous les trois jours dans le meilleur des cas. Cela ne suffisait pas. Les aides-soignantes ne voulaient même plus foutre les pieds chez eux après qu'elles avaient été accueillies un matin par des jets d'excréments balancés par le frère qui ne supportait plus d'être alité, à attendre qu'on soulage sa vessie et son côlon. Après la mort des parents, le frère fut placé dans un centre médicalisé. Les antidépresseurs ont remplacé l'alcool, et même, certains jours, la télé.

11

Les tomates ont un goût de métal et la vinaigrette vient loger son acidité dans chaque recoin du palais. Ça donne naissance à des aphtes fulgurants, un peu comme avec les noix ou les fraises. Solène trie son assiette et prend soin de ne pas ingérer une seule lamelle d'oignon. Difficile en revanche d'éviter le persil, finement haché. Avant de partir, elle compte bien faire une inspection générale de ses incisives. Gabin a terminé ses coquillettes et trace dans son bol des courbes imaginaires à l'aide d'une cuillère. Le crissement de l'inox contre la faïence fait grimacer Solène. Régulièrement, son père met fin au supplice :

– Arrête, mon grand, c'est pénible. Tu ne veux vraiment pas goûter la salade, de la bonne salade du jardin ? Et les tomates, elles sont très sucrées, allez, essaie.

– Laisse-le, Jérôme, il y viendra tout seul.

– C'est dommage. Quand je pense à tous ces mômes qui n'ont droit qu'à la malbouffe. Comme tu veux, Gabin, mais tu rates vraiment quelque chose. Je file au pré, ça va faire trop tard pour la traite après.

Solène sort le nez de son assiette :

– Quoi, tu trais maintenant ? Mais tu vas me déposer en ville à quelle heure ?

– Je suis déjà bien sympa de t'y emmener. Deuxio un feu de la Saint-Jean, ça ne commence pas avant 21 heures, Solène. Il est 19 heures 30, tu dois encore ramasser le linge, tu sais bien que ta mère ne peut plus le faire.

– Vivement que le wwoofeur Théo machin soit là, je me cogne tout en ce moment.

– Tu charries, Solène. Faudra aussi vider le lave-vaisselle. J'imagine que tu vas vouloir prendre une douche et te changer. Alors tu vois, j'ai largement le temps. On parie ?

Solène sort les assiettes du lave-vaisselle, puis les verres. Elle fixe quelques secondes le panier des couverts puis apostrophe son frère :

– Gabin, occupe-toi des couteaux et des fourchettes, j'ai fait tout le reste, moi.

– Tu pourrais aller jusqu'au bout quand même, ma chérie.

– Maman, tu sais bien que je n'aime pas ça.

– Quelle chochotte.

Depuis toute petite, Solène panique à la vue d'une pointe de couteau ou de fourchette. Lorsqu'elle s'approche du panier, elle est souvent prise d'une envie furieuse d'empaler sa main, elle imagine sa paume perforée et des grosses gouttes de sang qui perlent sur le siphon de la machine.

Elle claque la porte du vaisselier et se dirige d'un pas lent, apathique, vers les cordes à linge.

Le soleil rase les sorghos, ce qui accentue l'aspect fané de leurs panicules. On pourrait croire que le champ a brûlé ou que la récolte a pourri. Solène arrête son regard sur le bois. Depuis qu'elle vit ici, elle est fascinée par cette nature désordonnée qui se gère seule, avec ses propres lois. C'est l'heure où les cimes des arbres forment une cloche dorée, l'heure où les biches, les rongeurs ou les lapins peuvent emprunter les chemins serpentiformes sans craindre la présence des humains. Au cœur du bois, on devine des taches de lumière ocellées et des puits vifs et scintillants, comme des faisceaux spirituels. La mort n'est pourtant jamais loin. Son père se retrouve régulièrement nez à nez avec des renards. Elle pense à ça au moment où elle décroche l'un de ses slips. Ça la dégoûte d'imaginer que dans l'épais coton blanc le sexe de son père s'est logé. Elle ramasse ses marcels et imagine sa peau huileuse quand il rentre des champs, les poils de ses épaules qui brillent malgré la pellicule de poussière. Elle remarque que son short en jean effrangé n'est pas sec. Elle comptait le mettre ce soir, avec son chemisier rouge. Dans la corbeille à linge, la pile de vêtements grossièrement pliés commence à s'affaisser et elle ne forme bientôt plus qu'un ensemble de matières bigarrées, jetées au hasard. Solène retourne à la maison et monte à l'étage à grandes enjambées. Sa tête semble plonger dans la corbeille. À l'angle de l'escalier, son pied glisse sur le rebord d'une marche et son genou se cogne contre le chêne sombre :

– C'est plus possible cet escalier, ça sert à quoi de le cirer comme ça ?

Comprenant que personne n'a entendu sa chute ni sa plainte, elle réprime son râle et poursuit sa montée.

Depuis dix minutes qu'elle s'acharne avec le sèche-cheveux, ses cuisses ont pris une teinte rosée tirant vers le rouge d'une tomate mûre, comme un puissant coup de soleil qui formerait une vague bordure autour de son short. Comment n'a-t-elle pas pensé à sécher le jean ailleurs que directement sur elle ? Le plus irritant, c'est qu'elle entend son père parader en bas de l'escalier :

– Soso, tu descends ? Tu vois, je suis prêt, moi, je t'attends.

Tant bien que mal, Solène cherche à attraper, à l'aide de son index et de son pouce, des granules de mascara intercalées entre ses cils. Son regard d'adulte fardé lui donne une autorité artificielle. Elle hésite à mettre du gloss, ayant peur que ses lèvres n'adhèrent un peu trop. Elle prend la pose plusieurs fois devant la glace, tantôt ténébreuse, tantôt espiègle, puis referme derrière elle la porte de la salle de bains qui, lestée par des peignoirs aussi disparates que peluchés, accuse une résistance qui la rouvre aussitôt. Dans la cour, la Clio patiente devant la grille, moteur en marche :

– Dépêche-toi, ton père t'attend, après il voudrait faire sa compta. C'est quoi ce trait noir sur ton haut ?

– Ah, merde, c'est du mascara. Relou.

– C'est pas la peine de mettre ta veste, avec une chaleur pareille.

– Si, si, on ne sait jamais.

Solène monte à l'avant de la voiture en ramenant ses cheveux sur son épaule droite. Devant le jour qui décline, elle ne peut s'empêcher de regarder l'heure qui s'affiche sur l'autoradio :

– Quoi, il est déjà la demie ?

– J'y suis pour rien Solène, moi j'étais prêt. T'es pénible. Je vais te déposer au rond-point, j'ai pas envie de me retrouver bloqué par la foule.

Jérôme roule nerveusement, la vitre baissée. Solène approche régulièrement son chemisier de ses narines ou fait glisser une mèche de cheveux, afin de vérifier que son parfum ne s'est pas évaporé. La lumière baisse à vue d'œil à mesure que la voiture traverse Levroux. En passant devant la maison de Baptiste, Solène remarque que les lampadaires de la ville sont allumés. Elle aperçoit enfin le rond-point, où des grappes d'enfants, tenant méticuleusement le bâton de leur lampion multicolore, se pressent en direction du champ de foire.

– Tu vois, Solène, y a encore plein de mômes qui arrivent. Le feu, ils l'allument quand il fait nuit.

– Ben, il fait nuit quasiment.

– Non, on est entre chien et loup. C'est super dangereux d'ailleurs, regarde ce gamin en VTT qui coupe la route sans regarder, pfou !

– C'est un BMX, laisse-moi là, je préfère.

– Solène, minuit trente c'est minuit trente, hein ? Je serai sans doute obligé de me garer un peu plus bas, on se dit devant la boulangerie, c'est plus simple.

À peine sortie de la voiture, Solène se presse, le buste penché vers l'avant, comme une enfant vexée. La rue du champ de foire est barrée aux voitures et la procession païenne arpente aussi bien les trottoirs que la route goudronnée. Des enfants zigzaguent de droite à gauche, faisant parfois tomber leur lampion sous les exaspérations des parents. Maintenant, il fait parfaitement nuit. Solène aperçoit un feu de joie de trois mètres de haut dont la lumière oscille en fonction du vent et semble délimiter la place. De loin, le champ de foire donne l'impression d'être sous cloche. On entend le son pleurnichard des cornemuses qui luttent en vain contre les bruits robotiques du manège. Pour enfoncer le clou, la sono recrache un tube des années 90, comme si deux folklores s'affrontaient. Solène aperçoit M. Doucet, son prof de maths. Elle sort de sa bouche un bonsoir à peine audible, dans un souffle velouté. Ses joues picotent immédiatement et une vapeur chaude allant des aisselles jusqu'aux oreilles l'enveloppe.

– Bonsoir, Solène, t'es toute seule ? J'ai aperçu ta copine Margot tout à l'heure, elle ne doit pas être loin. Amuse-toi bien.

Elle n'aime pas quand ses professeurs la regardent autrement qu'une fille sérieuse, une bosseuse. Elle tient ça de sa grand-mère paternelle pour qui toute action sans forte pénibilité est associée au loisir, à la distraction honteuse.

Solène suit le mouvement de la foule et se rapproche du feu. Le son des cornemuses est encore plus faux, plus plaintif. À chaque instant, on dirait que la musique va s'arrêter, dans une cadence de fin interminable, puis elle reprend de plus belle. Postés de chaque côté du bûcher, des musiciens portent le costume traditionnel paysan, gilet noir, pantalon de drap bleu, guêtres en coton et chapeau de feutre à très large bord. Les flammes sont intimidantes avec leurs multiples contorsions et elles déposent des taches d'ombre, tantôt inquiétantes, tantôt risibles, comme un maquillage mystique, sur les visages aimantés des spectateurs. Dans cette lumière floue et clignotante, Solène ne reconnaît pas immédiatement Margot qui lui attrape le bras avec force. Son poignet est chargé de bracelets brésiliens et de crazy looms multicolores. L'excitation donne à ses yeux une brillance presque suspecte. Elle porte un béret et une chemisette en jean. Solène remarque qu'elle a dissimulé sous une épaisse couche de poudre un bouton d'acné logé juste entre les deux yeux.

– Hou, hou, Solène ? Tu planes ou quoi ? Qu'est-ce que t'as foutu, je t'attendais. Viens, on s'arrache, c'est l'horreur cette musique, y a que des vioques en plus. Baptiste et Dylan sont au tir à la carabine.

Solène suit Margot qui slalome entre des groupes de seniors à casquette, de jeunes parents flanqués d'enfants chouineurs et de poussettes. Adossés contre un platane, deux manouches fixent avec défiance des gens dans la foule, les yeux noir sale. Les deux filles longent la buvette installée à côté d'une rangée de platanes. Des hommes, à l'âge floué par le vin blanc ou la bière, arriment, coudes avachis sur le comptoir, leurs ventres bombés d'ennui. Solène les effleure du regard avec mépris. Son père répète souvent qu'ici, nul besoin d'une manifestation culturelle ou d'un concert pour qu'il y ait du monde sur la place. Bien au contraire. Une simple buvette suffit à créer l'événement.

Margot et Solène passent devant le manège. Sur le plateau circulaire, dans un mélange chaotique de sons d'alarmes et de mécaniques, tournent un bus avec des yeux de chat, un camion de pompiers à tête de clown et un hélicoptère bleu aux hélices minuscules. De très jeunes enfants chevauchent les créatures hybrides, la mine apathique et le corps flasque. En face, le stand de tir déborde de centaines d'objets plus ou moins high tech, de peluches géantes et de jouets miniatures en plastique. Sur la rangée du haut trône un immense écran plasma. Pour le gagner, des semaines de jeu ne suffiraient pas. Solène reconnaît le polo rayé de Baptiste. Il est de dos, concentré à viser trois ballons en mouvement dans la cage en métal tachetée d'impacts de plomb. À côté, les coudes avachis sur le comptoir du stand, Dylan et son ridicule maillot du Barça. Margot s'approche des garçons en exagérant la lenteur de ses pas :

– Bouh !

– Putain, Margot, t'es con, j'allais tirer.

Solène avance et pose ses lèvres sur celles de Baptiste, maladroitement et furtivement, à la commissure.

– C'est chaud, ici. Attention, Solène, tu vas déstabiliser notre champion, ricane Dylan.

– Sûr que ça risque pas de t'arriver.

– Rhooo la parano, comme elle défend sa pote.

Solène reste muette. Ses yeux doux et joyeux avalent Baptiste. Les trois ballons rouge et blanc s'agitent comme s'ils cherchaient à s'enfuir. Ils s'évanouissent d'un coup, dans un bruit sec, de métal.

– Strike ! J'suis trop fort.

Le forain s'approche, faussement impressionné :

– Tu vas me ruiner, jeune homme. Tu as droit à un lot ou une partie gratuite, comme tu veux.

– C'est deux points pour la perche à selfie ? Alors je la prends.

Baptiste attrape la main de Solène. Elle prie pour ne pas recroiser le prof de maths.

– On va où ? s'inquiète-t-elle.

– C'est une surprise, à deux minutes d'ici.

– Regardez, j'ai les clés du paradis, fanfaronne Dylan en agitant un trousseau en cuir.

– Attends, Margot et moi on va pas chez des gens, on reste à la fête.

– C'est à côté et c'est pas chez des gens. Vous aimez les endroits lugubres ? s'amuse Baptiste.

Ils longent la route qui mène au rond-point et, peu après, ils bifurquent dans un petit chemin qui dessert plusieurs potagers. Rapidement, la lumière municipale décline, jusqu'à se confondre avec la clarté de la lune. Les bruits de la fête sont étouffés par le crissement du gravier sous les chaussures. Solène marche de guingois, sa main crochetant l'épaule droite de Baptiste tandis qu'elle laisse reposer sa tête dans le creux de son cou. Elle parle peu, se sent toujours empêchée. Au mieux elle acquiesce en souriant. Elle pense à la phrase que son père aime rabâcher avec un certain contentement : à trop parler, on en oublie de manger. Dylan s'arrête devant une porte en bois à la peinture écaillée et ajourée par un cœur sculpté. Il force l'ouverture à l'aide de son pied.

– Et voici le jardin de mon grand-père. Il y vient quasiment plus depuis qu'il s'est cassé le col du fémur. Au fond, c'est sa cabane et l'ancien lavoir. C'est cool, quand il fait chaud, on peut fumer les pieds dans l'eau.

– Aïe, putain y a des orties, râle Margot.

Dylan sort son portable. Il fait jaillir un faisceau de lumière blanche et crue. Il se penche vers les filles, porte la lampe sous son menton et pousse un râle gras, profond. Baptiste saisit la main de Solène et la prend à témoin :

– Trop fort, Dylan. On est morts de trouille. C'est pire que *Blair Witch*, non ? Soso, t'as vu le film ?

Bien sûr qu'elle ne l'a pas vu. Elle ne va presque jamais au cinéma. Solène n'a pas le temps de répondre que Baptiste enchaîne :

– Vous avez vu les deux premiers ? Encore plus chelous. C'est sorti y a super longtemps. On n'était même pas nés.

Dylan se dirige vers la cabane de jardin, un assemblage de tôle ondulée et de planches vermoulues. Il ouvre le cadenas de la porte et ressort aussitôt avec un pack de Coca.

– C'est mon grand-père qui a construit la cabane.

– Ça, on s'en doute. Un pro te fait ça, tu lui colles un procès direct.

Baptiste, fier de sa vanne, rit de toute sa mâchoire carnassière, un rire avec des graves profonds, un rire sexué, autoritaire. Solène offre en retour un gloussement satisfait. Elle rit davantage avec ses yeux qu'avec ses dents. Dylan tourne les talons, masquant une moue vexée, et marche jusqu'au fond du jardin. Une allée, délimitée par une bordure de béton en forme de vagues, conduit à la rivière. Le lavoir est un agencement de grosses dalles en calcaire, avec trois avancées, trois petites marches dont les deux dernières sont noyées par l'eau. Aux quatre coins de l'espace dallé, d'imposants piliers en chêne blanchi soutiennent un appentis en bardeau. Dylan rompt le silence en décapsulant une canette.

– Coca pour tout le monde ? Bapt, tu paies ta clope ?

Baptiste sort de la poche arrière de son jean un paquet aplati, puis s'avachit contre un pilier.

– Servez-vous, c'est la tournée de mon daron.

Solène ne se raidit pas, même si fumer reste pour ses parents la chose la plus minable qui soit et l'interdit par excellence. Elle vient s'asseoir entre les jambes de Baptiste qui tire une première bouffée. Elle craint qu'on ne lui propose une cigarette. Heureusement, Margot non plus ne fume pas. En penchant la tête, elle découvre que sa copine a ôté ses Adidas.

– Tu fais quoi là, Margot ? Tu vas pas te baigner, quand même ? T'es sérieuse ?

– J'ai envie de tremper mes pieds en clopant.

Dylan éteint la lumière de son portable. Solène regarde avec fascination les bouts incandescents des cigarettes. Vus de plus haut, ils doivent dessiner un triangle équilatéral idéal pour l'atterrissage d'un Boeing miniature. On entend le lent balancement des pieds de Margot dans la rivière, semblable au clapotis des fontaines de relaxation en salle de thalasso.

– Bapt, t'as pas un peu de musique ? demande Dylan.

– Plus de batterie, c'est vraiment de la daube le dernier iPhone. Sinon t'as qu'à chanter. Les filles, je peux vous dire qu'il a sacrément de la voix. Quand on revient de match, on entend que lui dans le bus.

– N'importe quoi, le vrai ténor c'est Le Yams.

– Quel connard celui-là. On ne parle pas de lui. Il est gerbant. Pauvre merde.

C'est sorti tout seul, sans filtre. Solène est surprise par le ton de sa propre voix, ces dizaines de vipères enroulées dans ses cordes vocales, la bouche qui se tord comme si elle cherchait à recracher de la terre et les yeux aussi durs que du granit. Heureusement, Margot brise le silence troublant :

– Dylan, t'as pas une couverture ? Je voudrais profiter de ma clope tranquille, en mode allongée.

– Tiens, c'est le plaid de mon grand-père mais je te préviens, il s'est peut-être paluché dedans.

– Arrête, ça m'excite trop, je kiffe papy.

Solène s'enfonce dans le buste de Baptiste. Lui fume en soufflant la fumée sur le côté, bouche déformée, tête tendue vers le ciel comme un lézard attrapant une proie. Baptiste pose la main qui ne fume pas contre le ventre de Solène. Elle dénoue son poing pour enchevêtrer leurs doigts, trois mains semblables à la grosseur de la fébrilité qui les anime. Solène aperçoit devant ses yeux le bout du filtre. Les doigts de Baptiste portent délicatement la cigarette à la bouche de Solène. Elle reste lèvres entrouvertes, le plexus relié à sa mâchoire par secousses électriques violentes et sensuelles : l'inconnu, l'interdit, la désobéissance, le faire. Elle ferme les yeux et sa bouche enserre le filtre, machinalement, comme si elle était programmée pour ça. Elle aspire doucement mais c'est déjà trop. Son corps est un immense dédale de galeries enfumées. Il est paralysé, incapable d'agir autrement qu'en lâchant une toux sèche et nerveuse.

– Elles sont fortes tes clopes.

– Tu rigoles, c'est des Gold.

– Donne-moi encore une taffe.

Solène est vacillante, comme après une course de fond : le vertige cotonneux, le cerveau posé sur une flaque d'huile, flottant dans la boîte crânienne. Elle inspire lentement afin de chasser les spasmes arythmiques qui régentent son estomac. La nausée est si forte. Elle a parfois l'impression qu'une partie de son corps est à l'extérieur d'elle-même. Puis tout revient à la normale. Comme Baptiste se tortille en écrasant le mégot sur la dalle de pierre, elle profite de ce mouvement pour laisser glisser sa tête sur sa cuisse. Du dos de la main, Baptiste lui masse le haut du front puis maintient sa nuque en équilibre. Solène l'embrasse. D'abord en effleurant sa peau, sous les yeux, puis à la commissure. Sa bouche cherche la position exacte sur les lèvres de Baptiste afin qu'elles s'ouvrent en laissant place à un échange de salive et de tabac froid. Leurs respirations se confondent. La main de Baptiste est postée sous son sein droit puis les trois doigts cherchent à déboutonner son chemisier. Son souffle devient plus haché chaque fois qu'il ôte un bouton. Maintenant, Baptiste caresse ses seins, sans les malaxer comme il le fait parfois. Il fait glisser la bretelle gauche de son soutif. Solène a peur de son abandon, de son cœur et de son sexe qui s'échauffent. Elle oublie la présence de Dylan et de Margot. Baptiste pose la main sur son sein nu. Son pouce va et vient entre l'aréole et le mamelon tandis que les autres doigts pétrissent tout en prenant appui. Ça n'est ni désagréable ni plaisant. Mais l'idée de s'offrir la transporte.

12

Jérôme roule prudemment. En quittant le rond-point, il a croisé les flics. Martinat a repéré que son feu avant droit était grillé. Le gars a fait du zèle :

– En principe je ne devrais pas vous laisser repartir, même pour un kilomètre.

Docile, Jérôme a donné raison au gendarme tout en plaidant que le phare fonctionnait à l'aller. Il est resté très affable. Martinat a insisté :

– Vous avez vu le monde ce soir ? Tous ces enfants ? Ces personnes âgées ? Vous vous rendez compte ? Qu'est-ce qui se passe si vous renversez un gosse ? On fait quoi après ?

Comme si Jérôme avait dix ans. Le plaisir de s'acharner, de rabaisser, d'humilier. Le plaisir de tester son pouvoir de flic, sa force. De dire non pour dire non. Quand il était môme, Jérôme faisait pareil avec son chien Jako : il le forçait à rester sous la pluie, tout en le narguant sur le pas de la porte, ou lui mettait un morceau de rumsteak devant la truffe avec l'interdiction d'y toucher sous peine de sanction. Jérôme sait très bien que la plupart des représentants de l'autorité, la mairie, les flics ou la sous-préfecture, méprisent les types comme lui. Par contre, quand ses voisins font de l'épandage les jours de vent, il n'y a plus personne. Les flics disent qu'il y a d'autres urgences, qu'ils ne sont pas là pour gérer la réglementation du bio, que c'est un problème à régler entre exploitants agricoles. Jérôme n'aime pas le mot exploitant : il ne tire pas abusivement profit de la terre. Il n'est pas complice des surcharges d'azote, du phosphore dans les rivières, de la disparition de l'humus, des sols ruinés, des maladies fongiques, des assassins comme Monsanto qui ne sont là que pour enrichir l'agro-industrie. Jérôme rumine sa colère et ne prête pas attention aux appels de phares qui dénoncent sa voiture éborgnée. Les vitres sont grandes ouvertes et l'air chaud s'engouffre tandis qu'il accélère. Jérôme soupire nerveusement, sa gorge se raidit à mesure qu'il laisse défiler sa surcharge de travail. Il ne voit pas les journées passer : par moments, il se demande à quoi ça sert de se crever à la tâche. S'il n'avait pas sa famille, il donnerait bien un grand coup de volant en direction du fossé.

La Clio traverse le sous-bois. L'air se rafraîchit un peu. Jérôme pile juste à temps. Le pied droit nerveux. Réflexe de survie, sans dévier de trajectoire. Juste freiner, le plus vite possible. Une déflagration imaginaire, un impact fantôme qui semble résonner dans tout l'habitacle. Deux renards sont passés à quelques centimètres de son pare-chocs. Tremblant, il s'arrête. Coupe le moteur. Il regarde les deux taches de poils roux s'enfuir dans le pré. Le spectacle est aussi beau que préoccupant : les renards sont là, comme chaque année. Avec cette clôture qui n'est toujours pas installée. Ces trappes du poulailler qu'il va falloir ouvrir dans quelques jours. Jérôme redémarre, accompagné d'un souffle lent et fataliste. Quand il arrive, Marion est dans la cour, elle nourrit les chats.

– Laisse, je t'ai dit que je m'en occupais.

– Tu parles, c'est rien, je peux quand même donner quelques croquettes.

– Oui, mais j'allais le faire.

– On parle d'autre chose ? Surtout que j'ai une bonne nouvelle, chéri, Théo peut prendre un train demain, il suffit que tu le rappelles pour lui dire quel horaire t'arrange. J'ai pensé le matin ? Après la traite ?

– Très bien. T'aurais dû lui dire ça. Je nous prépare une infusion ?

– Avant tu appelles Théo.

– Oui, je fais ça. Tu sais, j'ai aussi toute la compta à me cogner.

– Oh, je t'ai déjà pas mal avancé. Tu vas chercher Solène dans deux heures, tu ne veux pas te poser un peu ?

Dans l'entrée, Jérôme saisit le téléphone sans fil et s'enferme dans la cuisine : parler dans un combiné à un inconnu est pour lui une chose pénible. Il se sent maladroit, hésitant. Il a toujours préféré l'écrit, quand on peut se relire, y revenir, recommencer. Il ne supporte pas le son de sa voix. Au fur et à mesure que sa bouche aligne des phrases, son cerveau juge sévèrement le choix de mots trop vagues, la perte de moyens, le manque de courage. Tout ça a d'ailleurs failli lui coûter son diplôme d'ingénieur. Les négociations le terrorisent : avant d'appeler un fournisseur, il s'arme d'une collection de post-it où sont consignés le plan, les mots-clés, les arguments. Il s'arrange toujours pour tomber sur un répondeur, en appelant en dehors des heures de bureau. Sur une feuille A4, il écrit au mot près le message qu'il va laisser. Pourtant, avec sa femme, c'est tout l'inverse, il est même très volubile. Marion lui répète souvent qu'à être trop perfectionniste, on finit par se noyer dans un verre d'eau, qu'il faut lâcher du lest, abandonner ces exigences tyranniques qui lui pourrissent la vie pour accepter enfin ses points faibles. Elle le met en garde contre cette prison émotionnelle qui traduit la peur de mal faire et d'être jugé. Jérôme prend alors sa moue la plus dubitative et riposte au quart de tour par une critique sans appel de la psychologisation de la société, choux gras de magazines pour citadins pseudo-écolos. Souvent, sa logorrhée dérive sur des sujets plus vastes, tel que le fort pragmatisme chinois conduisant le pays à une culture de l'à-peu-près, l'état d'esprit chabuduo comme ils disent là-bas. Par on ne sait quel tour d'acrobatie ou quelle fusion de pensées rentrées au forceps, Jérôme retombe toujours sur ses pattes, même chancelantes, en faisant converger le modèle agricole chinois et la psychanalyse bourgeoise. Marion ne peut s'empêcher d'en rire, un ricanement de hyène, sec, percussif et malgré tout bienveillant. Cela suffit à réactiver chez Jérôme une blessure prégnante depuis l'enfance : celle de ne pas être pris au sérieux, d'être celui qui en fait trop, qui exagère.

Jérôme appelle Théo. Il n'a échangé que par mail avec lui mais les choses sont simples : il passera le chercher demain matin, au train de 10 h 17, à la gare de Saint-Arbord.

13

– T'as vu l'heure ? Ça fait vingt minutes que je poireaute. Tu pues la clope en plus. C'est pas la peine de masquer ça avec des chewing-gums.

Solène s'est contentée d'un regard vague, désinvolte. Margot lui avait pourtant assuré que l'huile essentielle de menthe poivrée de sa mère était d'une efficacité infaillible. Jérôme roule avec un fond de radio que couvre le bruit du moteur. Seule la fenêtre orange de l'afficheur numérique permet de reconnaître la chanson : Ratatat, « Cream on Chrome ». Solène ne connaît pas. Elle n'a pas envie d'en savoir plus. La radio de son père passe toujours des morceaux chelous. D'ailleurs, elle n'a jamais compris l'intérêt de passer de la musique en sourdine. Elle penche la tête côté paysage puis, tout en serrant sa ceinture de sécurité, se tourne. Elle enfonce son visage dans l'espace entre l'appui-tête et le siège. Solène repense aux nombreuses engueulades dans la voiture, aux kilomètres parcourus dans cette position, le visage fermé, la salive figée et la joue écrasée par la paume de la main. Souvent, ça part d'un rien. Toujours son frère et ses histoires de premier. Premier à monter dans la voiture, premier à mettre sa ceinture, premier à prendre une bouteille d'eau, choisir une chanson, raconter une histoire. Malgré elle, Solène rentre dans le jeu. Puis Gabin donne une première tape impuissante sur la main de Solène qui réplique plus fortement, en toute légitimité. Assez vite, une colère disproportionnée sort de la bouche criante du père. Les mots « toujours », « plus jamais », « ce n'est pas vrai » jaillissent des starting-blocks comme s'ils n'attendaient que ça depuis le début du trajet. Plus Marion appelle au calme, plus Jérôme enchérit. Les enfants paient cher le jeu du premier. La rage de leur père semble ne pas avoir de limites, elle prend aussi bien racine dans des erreurs de compta que dans l'annulation d'une commande par un fournisseur. Solène a l'impression qu'une grande partie de cette électricité brutale est dirigée contre elle. Parce qu'elle est la plus grande et qu'elle est en âge d'acheter la paix. Solène, les yeux saturés de larmes, passe souvent la fin du trajet le front collé contre la vitre. Avant, pour se consoler, elle imaginait toujours le même scénario, celui de l'enfant sauvage : elle ouvrait la portière en marche, son père affolé freinait brutalement et elle en profitait pour s'enfuir dans les sous-bois. Elle courait si vite que son père renonçait à la rattraper. Ensuite, Solène s'enfonçait dans une végétation toujours plus dense, avec des fougères lui arrivant à la taille. Elle enjambait des branches pourries tandis que des corbeaux passaient à quelques centimètres de son crâne. Prenant progressivement confiance, elle ôtait ses habits en courant. Le plus agréable était quand il ne lui restait plus que ses chaussettes. Elle les enlevait très lentement en contemplant au loin, perchés sur des branchages, sa robe, son pull ou sa culotte. Les pieds s'enfonçant dans l'humus frais et la douceur de la mousse, elle s'arrêtait net et prenait une grande respiration. Elle devenait alors cette enfant indomptable protégée par les loups, se nourrissant de baies, de fruits sauvages, lampant l'eau des étangs clairs quand le soleil tombe dans son reflet. Cette histoire lui a sauvé bien des trajets.

Aujourd'hui, l'enfant sauvage est toujours là : quand Baptiste l'embrasse, quand elle sent son souffle sur sa nuque, quand ses mains effleurent ses fesses, caressent le bas de son dos.

La Clio accélère sur la dernière ligne droite avant la ferme. Maintenant Solène n'a plus besoin d'ouvrir la portière en pleine course. Elle se sent sacrément solide. Même si, comme avant, ses yeux avalent des amas d'ombres, de feuillages et de graminées qui produisent le même effet que le passage d'un peloton de cyclistes : une bouillie d'indifférence.

Jérôme claque la porte de la voiture. Solène ramasse sous l'œil critique de son père la gamelle posée sur la première marche de l'entrée.

– C'est pas la peine, ils ont déjà mangé. Il est tard, Solène. Tu files te coucher.

14

S'il n'y avait pas cet abri à vélo en plexiglas ainsi que tout le mobilier urbain portant la couleur bleu primaire de la SNCF, la gare de Saint-Arbord ressemblerait trait pour trait à cette photo prise en 1962 que Jérôme scrute dans le hall minuscule. Le parking se remplit. Le soleil tape déjà fort. Par instants, les rayons enveloppent les voitures d'un halo aveuglant. La chaleur ne s'est pas encore engouffrée à l'intérieur de la gare. Ils ne sont pas nombreux à chercher le frais dans le hall. Le retard annoncé du train Intercités fait pester un couple de retraités. Leurs voix portent en direction du guichet fermé. Dehors, assis sur un banc, certains s'offrent au soleil, les yeux fermés. D'autres vont à pas lents et désœuvrés sur le quai qui surplombe la vieille ville. On aperçoit en contrebas un patchwork de toits rouges et bleus sur lesquels poussent de longues cheminées identiques. Un peu partout, la canopée des forêts encercle la ville sans que l'on puisse deviner les essences des arbres : juste un amas de gros choux-fleurs verts. Beaucoup plus imposant que le reste, le château médiéval domine la vallée. Personne ne peut imaginer qu'à l'intérieur les salles de réception, les salons ou les cuisines ont été transformés en appartements par un promoteur du sud de la France. Les boiseries dorées ont fait place à des plaques de placo, les parquets en chêne ont été recouverts d'une chape flottante plus isolante et les cheminées en marbre du XVIIe ont été depuis longtemps démontées et vendues aux brocanteurs de la région au grand dam des Monuments historiques.

Jérôme regarde une nouvelle fois l'écran affichant les arrivées, puis il pousse la lourde porte battante donnant sur le quai : vingt minutes de retard. Il s'éloigne d'un petit groupe de parents qui discutent près d'un banc. Ils viennent récupérer leurs enfants rentrant de la fac après avoir fêté leur fin d'année dans des cafés de Tours ou d'Orléans. Dans quatre ans, ce sera le tour de Solène. Il faudra payer la chambre universitaire et les frais d'inscription, sans parler des allers-retours en train le week-end.

Jérôme se retrouve en bout de quai. Pas une once de vent, on entend des insectes s'affairer dans les herbes hautes. À droite des rails, il y a un bâtiment de stockage désaffecté, une sorte de grange, noircie par le soleil et le froid. Des ronces grignotent les murs sur un bon mètre. Sans le nouveau mobilier urbain – bancs, poubelles et abris à vélos – la gare semblerait abandonnée. Le café-restaurant a fermé il y a des années. Le guichetier est remplacé la plupart du temps par un distributeur automatique de billets. Ne reste plus que le strict nécessaire dans cette gare qui voit passer deux fois moins de trains qu'il y a dix ans. Par endroits, les rails ont la couleur de la rouille et des brins d'herbe poussent allègrement entre les pierres. Dans ce décor décati, avec cette grange au bois pourri, ces herbes folles et cette canicule qui gèle le temps, Jérôme pense à cette scène dans *Pale Rider*, quand LaHood, le puissant propriétaire de mines qui cherche à se débarrasser des chercheurs d'or indépendants, est attendu à la gare par ses hommes de main. Ce film, il l'a vu des dizaines de fois avec son père. Sa collection de westerns en VHS est impressionnante. Il les enregistrait à la télé les mardis soir, au moment du ciné-club. Jérôme connaît également le film et le livre qui ont inspiré Clint Eastwood. Au départ, il ne s'agissait pas de chercheurs d'or indépendants mais de paysans. Il n'avait jamais fait le rapprochement.

Le train Intercités pointe enfin son nez bleu et gris. Les passagers descendent au compte-gouttes. Des embrassades timides et discrètes. Les bagages confiés aux parents. Puis des coffres qui claquent. Le train est plus long que le quai. Les voyageurs des trois derniers wagons sont obligés de descendre sur la voie. Jérôme aperçoit un jeune homme châtain clair qui tient à l'épaule un sac de randonneur. Il porte un pantalon large en toile qui lui arrive au milieu du tibia et un débardeur en coton. Ses cheveux sont ondulés et, face à la lumière, ses yeux verts irradient. Il fait un bon mètre quatre-vingt-cinq et offre un sourire aux dents parfaitement alignées, presque aussi blanches que son collier en perles de bois de cocotier :

– Jérôme ?

– Bonjour Théo, t'as que ça ? Tu veux que je t'aide à le porter ?

– Ça ira, merci. J'ai passé plus de quatre heures assis à bouquiner, je peux bien soulever un sac à dos.

Jérôme et Théo avancent côte à côte vers le parking. Le train repart et envoie un souffle d'air bienvenu, chargé d'une odeur de goudron chauffé. Jérôme a la main plongée dans sa banane depuis quelques secondes : il maudit ses clés de voiture. Toujours planquées dans le recoin d'un sac, dans la doublure insoupçonnée d'une veste en jean ou parfaitement dissimulées dans un vide-poche, sous un portable, une paire de lunettes et une lettre à poster. Jérôme masque son agacement :

– Je crois bien qu'on est partis pour faire le trajet à pied… Ah non, elles sont là ces maudites clés.

– C'est loin ?

– Non, Levroux est à vingt minutes et la ferme est à deux pas de la ville. Mais à pied t'as intérêt à avoir de bonnes chaussures de marche.

Jérôme affiche un sourire amusé et plein de décontraction. Il sent une connivence possible avec Théo. Ils sont du même monde, ils vont dans le même sens et chaussent les mêmes lunettes, celles qui ne déforment pas, qui ne montrent pas la vie sous l'unique angle du profit, de la domination, de la concurrence et de l'apparence. Celles qui autorisent à vivre avec des chaussures boueuses sans se sentir inutile ni inculte.

– Tu es parti de quelle gare pour arriver si tôt ? Tu n'étais plus aux Ormeaux ?

– Si, j'y étais encore jeudi dernier. Mais pour venir jusqu'ici, c'est galère. Quand tu pars des Ormeaux, la gare la plus proche c'est Mende. Ça m'aurait pris au moins huit heures. Y a trois changements, et en plus, ils te font passer par Paris. Alors j'ai fait une première halte à Clermont, il y a deux jours.

– C'est vraiment n'importe quoi. L'axe Centre de la France-Massif central, c'est le plus mal desservi. C'est simple, personne n'en a rien à foutre. On a encore la chance d'avoir la gare de Saint-Arbord mais jusqu'à quand ? Tu sais qu'on a même dû signer une pétition ? T'as fait quoi pendant deux jours à Clermont ?

– J'étais chez des potes qui mixent yoga et phytothérapie dans un hameau. J'ai appris plein de trucs, c'est ouf.

– Ah oui ? Et ils s'en sortent bien ?

– Trop bien. Les gens commencent à piger que la médecine conventionnelle soigne quand on est malade, souvent trop tard d'ailleurs, alors que la médecine chinoise ou la naturopathie enseignent que c'est en amont qu'il faut agir.

– J'ai entendu qu'en Chine on ne paie pas le toubib quand on est malade, seulement quand on est en bonne santé. D'ailleurs c'est vrai cette histoire ? Ou c'est encore une légende urbaine ?

– C'est un peu du flan, avec un fond de vérité. À une certaine période, ne me demande pas quand, les médecins chinois n'étaient payés que s'ils arrivaient à guérir leurs patients. Mais bon, c'est quand même le malade qui achetait ses médocs au final. J'en saurai plus quand j'irai là-bas.

– Y a des wwoofeurs en Chine ? Ils ne font pas un peu tout moins le quart les Chinois ? Ça doit être du joli le bio.

– Détrompe-toi, bientôt ils nous donneront des leçons d'écologie. J'ai hâte d'y être.

Jérôme est impressionné par autant de détermination. À son âge, il était loin d'avoir cette maturité, cette confiance. Théo embraie sur son voyage en Chine. Il est déjà en contact avec la ferme de Huaxi, près de Chengdu, dans la région du Sichuan. Là-bas, il devra travailler dur, sept heures par jour minimum. Ça ne l'effraie pas. Ses sourcils forment même des arcs de cercle de plus en plus arrondis et ses yeux s'embrasent quand il imagine le riz cuisiné aux pousses de bambous, le chou sucré, les patates douces, le gingembre, le piment et la pâte de haricots ou de soja.

– Arrête, tu vas me donner faim. Nous, ici, c'est plus patates vapeur-oignons ou tomates-haricots.

– Ça me va très bien.

La voiture quitte enfin ces hectares de colza qui n'en finissent pas. Les champs deviennent plus vallonnés, les parcelles plus petites. Jérôme râle contre cette Champagne berrichonne qui singe la Beauce en bousillant les bocages. Des poteaux téléphoniques bordent la route. De temps en temps, la Clio croise un tracteur, une Kangoo ou un taxi conventionné emmenant un pensionnaire de l'EHPAD passer des examens. À intervalles réguliers, on remarque une petite route sur la gauche, une autre sur la droite, menant vers un bois, une ferme, un hameau. Les haies sont de plus en plus touffues et des gerbes de graminées jaillissent des fossés. Côté passager, on aperçoit au loin une immense étendue d'eau protégée par des arbres sagement alignés.

– Ça a l'air beau. C'est un lac ?

– Un étang privé, pour la chasse aux canards, les élevages de carpes. Le proprio est un abruti, je te raconte pas.

La route serpente encore sur un bon kilomètre. Puis vient une longue ligne droite en montée. Théo observe les affiches du comité des fêtes qui défilent sur le bas-côté, du rose, du vert, du jaune au graphisme vieillot. Entre la 21e fête champêtre, le tournoi de tennis, la retraite aux flambeaux et le concours hippique, l'été va être chargé. Dans la prose du comité des fêtes, une constante frappe immédiatement : l'obsession du détail et la grosseur de la police dont le degré d'importance peut laisser songeur. Ainsi, sur une même affiche et sur un même plan, on retrouve le grand orchestre de Denis Laroche, des parties de rifles, deux places à gagner pour le concert d'Ève Angeli, une course cycliste, un parking ou la présence d'une buvette.

– On est encore loin ?

– C'est là, juste après le virage.

La Clio entre lentement dans la cour. Mouvement des suspensions. Marion est avec Gabin. Elle tient entre ses mains un plateau rempli d'assiettes et de couverts. La table blanche du jardin est installée sous les fenêtres du salon, à l'ombre. Théo attrape son sac à l'arrière de la voiture et va embrasser Marion.

– On mange dehors, c'est agréable, il y a un peu de vent, on étouffe à l'intérieur.

– Chérie, c'est faux : si on aère bien le matin, la maison garde parfaitement le frais. Faut juste penser à fermer les volets avant 9 heures.

– De toute façon, ça ne va pas durer. Ils annoncent de l'orage à partir de la semaine prochaine et une baisse de dix degrés. Ce sera pas du luxe.

Théo sourit. Il balaie rapidement la cour du regard :

– Vous êtes bien, ici. C'est marrant, sur les photos, je voyais ça plus grand. Je vais vous aider à mettre la table.

– Va plutôt poser ton sac dans la chambre. Jérôme, tu lui montres la maison ?

– Papa, c'est moi qui lui montre.

– Non, mon grand, toi tu dois aider ta mère.

Jérôme entraîne Théo vers l'entrée. Solène est postée là, la main appuyée sur l'un des battants de la porte.

– Ma fille, Solène.

Jérôme est troublé de voir sa fille sans cette assurance insolente qu'il lui connaît. Devant Théo, elle se montre avenante mais réservée. Elle l'embrasse en baissant la tête si bien que Théo est obligé de se courber pour atteindre sa joue. Jérôme est heureux de revoir la petite fille timide et rougissante qu'il a connue, avant ses douze ans.

II

JUILLET

15

Une pluie épaisse dégouline sur le rebord des gouttières. Les fortes chaleurs de juin semblent loin. Partout des nuages charbonneux abaissent le ciel. Solène avance vers la fenêtre : des filets d'eau tremblent sur la vitre. En deux jours, il est tombé plus de pluie que pendant ces deux derniers mois. Son père est nerveux depuis hier. Impossible de poursuivre la moisson des voisins. Il doit attendre que la pluie cesse et que les blés sèchent. Il a dit hier que ça lui pendait au nez, qu'il allait devoir travailler de nuit tout le week-end. Il aurait déjà dû enchaîner sur le colza. Patureau a même menacé de broyer une partie de son champ si Jérôme n'intervenait pas dans les quarante-huit heures. Ça lui reviendrait moins cher que de payer la moisson. Solène entend des histoires de taille de grêlons, d'excès d'eau, de fusariose. On se plaint rétrospectivement de la canicule.

Au moins, l'ambiance est-elle meilleure depuis l'arrivée de Théo. Déjà deux semaines. Pendant les repas, les discussions sont interminables. Parfois, le soir, elles se poursuivent au salon.

Théo leur raconte Auroville, la Lozère. Il évoque souvent Gaspard Steiner, rarement l'école du cirque. Si Solène décroche assez vite, elle aime regarder les mouvements de lèvres du jeune wwoofeur, comme si sa bouche faisait des tours sur elle-même. Tant qu'elle n'est pas capable de contrôler ses joues empourprées, elle évite le vert de ses yeux. Comme au début avec Baptiste dans la cour de récré. Maintenant qu'elle passe des heures dans ses bras, elle n'est pas mécontente d'avoir un week-end sans lui. La semaine dernière, ils se sont fait la gueule pour la première fois. Baptiste et la bande du Yams ont discuté à travers la grille pendant une heure, avec deux anciennes troisièmes. Solène les connaissait seulement de vue. L'an dernier la plupart des quatrièmes tripaient sur elles. Baptiste est revenu vers Solène avec un air si satisfait qu'elle l'a battu froid.

Mardi, ce sera les vacances d'été. Depuis la fin du brevet, il n'y a plus cours. Seulement de longues récrés à vous dégoûter des jeux de société et du handball. Certains ne vont même plus au collège. Solène pourrait en faire autant mais elle préfère éviter le boulot à la ferme, même si la présence de Théo adoucit le climat familial. Tous les matins, elle retrouve Baptiste, Margot et ce boulet de Dylan. Ils font acte de présence. Maintenant, les surveillants ferment les yeux sur les téléphones. Baptiste balance une vidéo de Norman ou du Palmashow tandis que Dylan ricane devant des crashes d'avions ou des chutes domestiques. Ils sont entassés à l'ombre, au fond du préau, et attendent midi. Ensuite ils n'ont qu'à franchir la rue et s'enfoncer dans une impasse étroite. À deux cents mètres se trouve une porte de jardin fraîchement repeinte qui donne chez Baptiste. Ils traversent le parc tous les quatre et rejoignent Maryvonne dans la cuisine. Solène n'est pas fâchée de sécher la cantine, on ne peut pas appeler ça de la cuisine. D'ailleurs, chaque fois qu'il en parle, son père crie au scandale, à la malbouffe, au danger sanitaire. Le soir, il demande toujours la composition des menus avec un intérêt mêlant colère et satisfaction. Quand Gabin raconte les omelettes vertes et compactes ou les élastiques de gras cousus dans les steaks, Jérôme a du mal à calmer son emballement et assène à ses enfants un cours magistral culpabilisateur.

– Et tu as mangé quoi du coup, Gabin ?

– Du pain.

– C'est tout ? Si seulement il était bio, ça changerait tout. C'est dingue qu'ils n'y pensent pas.

– J'ai aussi mangé une pomme.

– Avec la peau ? Gabin, la pomme, je te l'ai dit cent fois, tu ne manges pas la pomme avec la peau, c'est un cocktail de poisons, c'est cancérigène, y a au moins une vingtaine de fongicides, d'insecticides, des régulateurs de croissance et tout le bordel. Alors, même lavée ou essuyée dans une connerie de chiffon, c'est non.

Solène en profite toujours pour remettre sur le tapis l'inscription à la demi-pension :

– T'as qu'à venir nous chercher à midi, c'est pas si loin.

– Si seulement. Le midi, avec ta mère on mange sur le pouce, on n'a pas le temps de faire une heure de pause et de vous demander quinze fois de débarrasser la table.

Solène ose à peine évoquer les gélatines visqueuses formant un pâté végétal, produits ultra-transformés composés essentiellement d'eau, de sucre et de gras. Sans parler des fois où on lui sert des quenelles de brochet ou de la langue de bœuf : d'après son père, ces menus sont conçus pour satisfaire les pensionnaires de l'EHPAD. Eux votent, pas les enfants.

Chez Baptiste, la nourriture semble déborder de partout. Elle envahit les placards et les commodes. Il y a des amas de BN, des sachets individuels de Savane ou des cacahuètes. Dans les tiroirs, des Tic-Tac ou des chewing-gums se mêlent aux piles, aux rouleaux de scotch ou aux tournevis. Le frigo américain distribue des glaçons et de l'eau fraîche. Rapidement des paquets de chips sont éventrés et les lamelles de gras, arrachées aux tranches de jambon, se collent à la nappe. Maryvonne a beau geindre, des canettes sont ouvertes pour seulement quelques gorgées. S'il ne pleut pas, ils filent ensuite au tennis où ils passent une partie de l'après-midi. Quand il fait soleil, les terrains sont souvent occupés par des infirmiers, des profs et même des types du privé. Les RTT ont augmenté considérablement le nombre d'adhérents. Depuis qu'il s'est fait éliminer en demi-finale du tournoi, Baptiste n'a plus envie de jouer. Il se contente de regarder les échanges et de critiquer la tactique de ceux qui, par manque de technique et par faiblesse physique, marquent lâchement des points en sliçant. La petite bande se lasse rapidement des jeux de jambes pataudes, des smashes au dos voûté. Ils finissent par s'éloigner et vont fumer au bord de la rivière, à quelques dizaines de mètres des terrains. Ils franchissent un pont au bois cannelé recouvert d'une mousse grise qui bouge légèrement sous leur poids. Solène a toujours peur qu'il cède. Elle imagine les poutrelles qui s'entrechoquent contre sa peau, plongeant son corps tuméfié dans la rivière.

Ils marchent ensuite dans les herbes hautes et jaunies. À chaque enjambée, Solène voit s'envoler des sauterelles aux ailes rouges qui amuseraient beaucoup son frère. Le groupe s'arrête sous un chêne. Dylan sort son enceinte bleue et met de la musique. Tout l'après-midi, trois ou quatre morceaux tournent en boucle, pas plus. Margot redoute le moment où Baptiste et Solène vont la laisser en plan avec Dylan. En quelques minutes, on ne voit plus que deux minuscules corps mangés par la végétation. Au bout du pré, l'herbe fait place à un labyrinthe d'arbrisseaux protégeant la berge sur quelques mètres. Solène et Baptiste sont obligés de baisser la tête jusqu'aux genoux pour atteindre le bord de l'eau. Ils posent leurs Eastpak sur un banc de sable frais, s'adossent à un tronc foudroyé qui barre la rivière. De l'autre côté de ce barrage improvisé, il y un bon mètre cinquante de profondeur. Ils ne pensent même pas à tremper leurs pieds dans cette eau stagnante, encore moins à s'y baigner. En juin, peu avant les premiers orages, Le Yams, Baptiste et quelques autres ont passé le samedi après-midi à piquer des têtes dans un bouillon jaunâtre, sautant d'un tronc suspendu entre les deux berges. Ils poussaient des hurlements virils, en faisant les sauts les plus acrobatiques. Leurs pieds s'enfonçaient dans le sol fangeux et écrasaient des agrégats de feuilles et de brindilles. L'eau projetée venait lécher les berges et entrait dans les terriers des ragondins. Les rires et les cris avaient vaincu la chaleur caniculaire. Le lendemain matin, Le Yams fut transporté à l'hôpital avec une fièvre dépassant les quarante. Alité une bonne semaine, il lui aura fallu une quantité non négligeable d'antibios pour venir à bout d'une leptospirose carabinée. Depuis, plus personne ne se baigne dans la rivière. Pas même dans les eaux vives en aval du déversoir. De toute façon, Solène ne s'imagine pas en maillot seule avec Baptiste. Elle préfère se blottir contre lui, assise à même le sable, le dos calé contre son torse et la tête effleurant le haut de son cou. Baptiste sort une cigarette d'un paquet mou et aplati. La plupart du temps, ils ne se parlent pas et ne font que s'embrasser. Parfois, elle manque d'air et doit reprendre sa respiration dans un souffle lascif d'apparence. Elle est gênée par la mauvaise interprétation que pourrait faire Baptiste, même si ces échanges de salive lui remuent le ventre. Ce désir qu'ils devraient partager lui fait peur. Elle n'a pas confiance en ce corps qui fait ce qu'il veut, en ces seins tendus, douloureux, qui l'épuisent. Baptiste va trop vite. Il se précipite sur l'agrafe de son soutien-gorge. Il pince la bande de coton en pressant sur ses vertèbres et semble s'agacer. Elle sent le cœur de sa verge palpiter contre le bas de son dos. Une vision s'impose dans son cerveau : parfois Bidouille, le labrador du docteur Faugère, fait sortir de son sexe un bout visqueux comme une limace couleur Mr. Freeze à la framboise. Alors elle embrasse Baptiste et l'image s'évapore.

Hier, tout s'est agité en elle. Il avait plu le matin et le sable était encore mouillé. Baptiste avait apporté une fouta de plage. Une fois assis, elle aimait le bruit du sable qui bougeait sous le coton spongieux. C'était doux. Baptiste a soudain posé la main sur sa jupe, juste sur le haut de la cuisse. Puis il a fait des mouvements circulaires avec sa paume. Après, sa main a glissé vers l'intérieur de sa cuisse pour se poser sur son sexe comme il l'avait déjà fait la veille. Solène a senti jaillir sous sa peau une onde bouillante. Partout dans son ventre, sa poitrine, ses joues. Son corps est devenu mou, liquide. Seule sa mâchoire, forte et tendue, lui rappelait qu'elle avait encore un squelette. Les doigts de Baptiste ont commencé à exercer une pression au niveau de son sexe, comme s'ils cherchaient à perforer le coton. Son pouce a pris appui sur son pubis tandis que l'annulaire crochetait le rebord de sa jupe découvrant au maximum ses cuisses. Solène a attrapé plusieurs fois les doigts insistants de Baptiste sur sa culotte. Elle a continué de l'embrasser mais la bouche était plus raide, son corps plus tendu. Baptiste a remonté la main sur le bas-ventre de Solène. À peine avait-elle soufflé qu'elle a senti sa verge se serrer davantage contre ses fesses. La main de Baptiste est passée sous le coton, les doigts glissant dans la touffe de poils jusqu'à son clitoris. Elle n'a pas eu le temps d'arracher la main fureteuse que le corps de Baptiste s'est éteint dans un souffle étrange, comme une prise de courant arrachée violemment qui coupe le désir. Elle s'est demandé s'il avait joui. Une gravité est entrée en elle ce jour-là. Un mélange de peur et d'envie. Ils ont fait comme si rien ne s'était passé. La cloche de l'église a sonné. Un coup qui a fait bondir Solène :

– Putain, il est déjà la demie ?

– Détends-toi, tu ne mets pas deux minutes pour rentrer.

– Tu rigoles, on a tout le pré à traverser. J'ai pas envie que mon père me croise dans la rue.

Quand ils sont arrivés au niveau du grand chêne, Dylan et Margot avaient déjà filé. Sans se tenir la main et remontant la rue d'un pas vif, ils ont croisé Le Yams à vélo. Il ne s'est pas arrêté mais les a apostrophés, goguenard :

– Alors, les chéris, c'était bon ? T'as pris ton pied, Bapt ?

Solène s'est mise à courir. Quelques gouttes de pluie tombaient mollement, libérant cette odeur de terre, de pétrichor qui se combine avec l'ozone. Elle a appris ça en sciences nat. C'est la même odeur, partout dans le monde, dès qu'une goutte de pluie tombe sur un sol sec. Le collège n'était plus qu'à vingt mètres quand ils ont entendu la sonnerie. Solène a expédié Baptiste, les yeux fuyant vers le sol :

– À plus.

La Clio était déjà là. Son père la regardait courir.

16

– Elle est punie, Solène ?

– Mais non, mon grand, elle fait la tête parce que papa l'a grondée, d'ailleurs je trouve ça injuste.

Jérôme ne relève pas. Il regarde par la fenêtre.

– Elle m'a dit ta gueule et que c'était sa chambre. C'est aussi ma chambre en ce moment.

– Je sais, mon chéri, je vais parler à ta sœur.

Marion accepte de moins en moins les colères de Jérôme qui se reportent sans cesse sur sa famille. Elle a beau supporter depuis longtemps ses humeurs anxiogènes, elle ne vient pas de là. Dans sa famille, il n'y avait pas de honte, de boue sous les chaussures, on ne taisait pas les choses. La douceur était souvent une réponse et il n'y avait pas de problèmes d'argent, seulement des solutions. Une fois, alors qu'ils étaient ensemble depuis quelques mois, Jérôme avait eu une première crise d'angoisse après une soirée bien arrosée au pub. Il voulait la quitter, disant qu'ils n'étaient pas du même monde et n'avaient rien en commun. Alors qu'il menaçait de sauter par la fenêtre, Marion l'avait agrippé de toutes ses forces en lui murmurant qu'elle ne l'aimait pas uniquement pour ce qu'il était mais pour ce qu'il allait devenir. Cette phrase l'avait aussitôt calmé.

La pluie brouille les carreaux et frappe la terre détrempée de la cour. Jérôme fulmine :

– Qu'est-ce qu'il fout Théo ? Faut pas plus de dix minutes pour fermer les trappes. Il va se faire rincer.

Au fond de la cour, la silhouette encapuchonnée de Théo apparaît. Un premier éclair zèbre le ciel mauve. Jérôme enfile un ciré vert.

– Tu fais quoi ? demande Marion.

– Je les rentre. Je ne prends pas le risque. Je ne me le pardonnerais pas.

Jérôme ouvre nerveusement la porte. Une masse d'air frais s'engouffre et une pluie balayée par un vent épais rince les dalles de l'entrée. Il avance vers Théo en criant sous l'averse :

– Faut rentrer les vaches. Ça gronde.

– Maintenant ? T'es sûr ?

Jérôme ne répond pas et, d'un signe de la main, il ordonne à Théo de le suivre. Il y a trois ans, la ferme de Patureau a perdu une partie de son troupeau. Ce matin-là, un ciel noir et déchaîné a foudroyé des vaches restées à l'abri sous un chêne. On lui a raconté les bêtes raidies, pattes en l'air. Un arc électrique comme une guirlande lumineuse qui en une seconde traverse le cuir de la bête, embrochant la panse, le cou ou la cuisse. Avec douze vaches foudroyées et un préjudice de vingt-cinq mille euros, Patureau est resté anéanti pendant quelques jours. L'argent n'était pas la seule raison : il a beau avoir un cœur de givre, il a toujours appelé ses vaches par leur prénom.

Jérôme secoue la barrière en râlant. Ses bottes patinent dans une boue huileuse débarrassée du moindre brin d'herbe. Théo l'aide en délogeant le piquet de la boucle en métal. La pluie dégouline comme de la colle liquide pendue à leurs mains et à leur capuche. De l'eau coule également le long de l'arête du nez, donnant l'impression d'un rhume clair suspendu aux narines. Une véritable stalactite. Jérôme regarde en direction des deux arbres trônant au milieu du pré. Il fallait s'y attendre, les vaches se sont réfugiées dessous, le flanc collé contre l'écorce pour les plus prévoyantes. Le tonnerre gronde à intervalles irréguliers et la distance imprévisible joue avec les nerfs de Jérôme. Il compte les secondes entre l'éclair et le coup de tonnerre mais il n'y a rien de concluant. Les vaches sont délogées de l'arbre à coups de bâton. Leurs pattes ont des mouvements convulsifs jusque dans le haut de la cuisse, comme si leurs muscles étaient piqués par des taons, et leurs sabots, en s'enfonçant dans l'herbe boueuse, font des bruits de ventouses, de bottes pleines d'eau. Le troupeau se presse jusqu'à l'entrée de l'étable où un mélange de gadoue et de purin gicle sur les robes pie rouge :

– Quelle saucée. On est bons pour rentrer se sécher et prendre un café. Le temps que ça se calme, je suis tranquille pour faire de la paperasse jusqu'à midi. N'oublie pas de jeter régulièrement un coup d'œil à la grange et de vider les seaux. Quand il flotte, c'est une vraie passoire là-dedans.

– Tu dois aussi me préparer un fond de caisse pour demain matin.

– Ah merde, c'est vrai. Je vais demander à Solène de venir avec toi, je voudrais que Marion dorme un peu. Le marché c'est crevant. Tu feras la traite avant, à 5 heures. Sois pas en retard, sinon c'est cuit, les petits vieux arrivent tôt sous la halle.

Les talons en caoutchouc prennent appui contre la barre en métal fixée contre le mur de l'entrée. Jérôme tire un grand coup sur sa botte qui emporte avec elle une partie de la chaussette. Il se retourne vers Théo et lui lance un sourire complice. Dans la cuisine, Gabin a étalé sa boîte de crayons de couleur et dessine des arbres en feu, avec de grands jets orange qui zèbrent le ciel. Jérôme attrape deux mugs et se penche vers son fils :

– Ça va, mon grand, tu dessines bien ? Tu sais où sont les filles ? Elles sont en haut ?

– Maman trie des factures, faut pas la déranger. Et Solène fait toujours la tête dans notre chambre.

– Ah, les joies de l'adolescence ! Un café, Théo ? Désolé, il est un peu tiède.

– T'inquiète, ça me va.

Jérôme remplit lentement le mug et laisse apparaître un visage assombri. Il n'a plus d'énergie. Comment revenir vers Solène ? Il se dégoûte, se sent pâteux, comme s'il avait passé la nuit à picoler. Hier, il a crié si fort dans la voiture que sa fille collait sa tête contre la vitre de la portière en se protégeant le visage de la main. C'était comme une crise de démence. Une colère écarlate qui part d'un rien ou plutôt d'ailleurs. Une étincelle qui finit par embraser toute une forêt sans un pet de vent. Il n'a jamais su faire autrement. Il en veut aux autres quand il se déteste. Elle avait juste séché le collège, deux jours avant les vacances, avec un bulletin et une conduite exemplaires : 18 de moyenne, des éloges de tous les professeurs. Et lui qui hurle comme un porc. Il ne pouvait plus s'arrêter. La gorge qui gonfle et sature le cerveau par gros flots de sang. Il n'aurait pas aimé voir ses yeux. Des yeux petits, noirs et acérés. Les yeux d'un animal de combat, d'un fou dangereux. Et toujours les mêmes choses : ce sentiment d'injustice qui chauffe son corps, cette impression d'acharnement qui bloque sa mâchoire et parasite sa pensée. En boucle. Il rabâche. Et ces « toujours » et ces « jamais » qui tombent à intervalles réguliers, cette scansion qui enferme les coupables, les rendant insauvables. Ne faire que tourner en rond, les dents enragées de salive. Sa main a frappé à plusieurs reprises le volant et il s'est mis à dérouler des « merde je bosse comme un con on peut jamais te faire confiance tu ne fous jamais rien à la maison alors qu'on trime comme des cons tu veux qu'on y perde notre santé ça te suffit pas les doigts de maman tu veux qu'on coule qu'on dépose le bilan on a besoin d'aide et toi tu t'en fous ça te passe toujours au-dessus tu sèches alors qu'on bosse comme des cons ». Solène et Gabin retenaient leurs larmes. Des larmes de peur, d'incompréhension. Jérôme a stoppé sa colère au moment où la Clio a franchi la grille. Il a garé la voiture près du tracteur et rejoint Théo en salle de traite sans même regarder ses enfants. Solène a encore passé une heure avec sa mère à discuter dans la chambre. Jérôme a parfois l'impression que les deux filles de la maison sont en train de se liguer contre lui.

Sur la table du salon, Marion a étalé des pochettes cartonnées de couleur. Une grande calculette bleue dont l'écran est perpendiculaire aux touches occupe une position centrale. Jérôme s'approche de sa femme, suivi de Théo, qui cale son épaule contre le coin de la bibliothèque. Marion ôte ses lunettes ovales qui lui mangent le visage.

– On te dérange, Marion ?

– Non, j'ai presque terminé. Patureau a rappelé. Il est pénible avec ses menaces. Depuis qu'il a perdu sa femme, il est très agressif.

– Il était déjà comme ça avant. La pluie nous emmerde tous, qu'est-ce que je peux y faire ?

– Il rabâche que tu aurais dû commencer par sa ferme, il y a une semaine. J'ai regardé Pleinchamp, ça devrait se calmer en début d'après-midi. Le colza, ça sèche vite, tu pourrais y aller dès demain matin ? Ça le rassurerait.

Jérôme grommelle. Théo hésite à prendre part à la discussion. Il se lance quand même :

– C'est quoi l'histoire avec Patureau ? Il vous aide à moissonner ?

Marion, surprise, se tourne vers son mari :

– Non, c'est Jérôme qui moissonne son champ pour amortir au plus vite la moissonneuse. Il fait ça sur plusieurs exploitations. Tu savais pas ? C'est un peu pour ça qu'on a fait appel à toi. Sinon c'est pas gérable.

– Mais il est en conventionnel, Patureau ?

– Ça, je l'avais dit à Jérôme. C'était pas mon idée. Comme le projet des poussins, j'étais contre.

Jérôme n'arrive pas à garder sa voix douce, faussement apaisée :

– Chérie, on peut passer à autre chose ? C'est bon ? J'ai tout faux, tu sais mieux que moi ce qu'il faut faire, j'ai fait cinq ans d'agro pour rien et je suis un gros nul. Ça vous va ?

– Jérôme, te mets pas dans des états pareils. Théo est surpris, c'est normal.

– Mais allez-y, montrez-moi. Tenir les comptes d'une exploitation avec trois carottes et deux biquettes, je sais pas faire. Je sais juste que j'ai des emprunts sur le dos et une famille à nourrir.

Jérôme marche nerveusement dans le salon, gêné par son accès de colère. Marion est moins patiente avec lui. C'est dur à avaler. Elle sait pourtant combien il a besoin de son regard approbateur, même quand il se trompe. Elle qui était capable de le soutenir, de l'encourager, de lui dire qu'elle l'aime parce qu'il est atypique et inventif. Où est passée la confiance aveugle qu'elle lui portait lorsqu'ils ont quitté Orléans ?

Il s'arrête devant la cheminée. Il prend appui sur la tablette en chêne, où des dizaines de bibelots, poupées gigognes, fossiles, bougies parfumées sont posés anarchiquement. Il regarde les bûches sur les chenets, s'arrête sur la pince et le tisonnier proprement rangés après la dernière flambée de mars. Plus aucune trace de cendres, il prend toujours soin de les ramasser afin de les répandre dans le jardin, luttant ainsi contre l'acidité du sol. La compassion se lit sur le visage de Théo. Il s'approche de Jérôme, un sourire confiant et des mains qui font des gestes solides :

– Y a pas de problème, Jérôme. Moi je suis là pour vous aider, pour faire en sorte que les choses s'arrangent. Je suis pas comme ces wwoofeurs qui font le minimum, hein ? Je sais bosser bien et longtemps.

Jérôme évite le regard de Théo. Avec tout ce qu'il a balancé sur Patureau samedi dernier… Après le dîner, ils ont ouvert quelques bières au salon. Ils ont parlé des villages autonomes créés un peu partout en Europe. Les yeux verts de Théo brillaient et il racontait, sans jamais quitter son sourire, comment des hameaux abandonnés devenaient des modèles de sociétés parallèles. Ces endroits étaient de véritables laboratoires de permaculture où régnaient la fraternité, l'humanisme et le respect de la terre. Eux avaient tout compris en bannissant l'asservissement et le profit. Une autre société devait advenir. Sinon, on irait droit dans le mur. D'ailleurs, on était au pied du mur. Plus tard, alors qu'ils étaient un brin éméchés, la discussion avait dérivé sur les survivalistes et tous ces types qui creusent un grand trou au fond d'un jardin pour y stocker des boîtes de conserve, du riz ou des fruits séchés. Ceux qui apprennent à se battre à mains nues, à manier la machette ou à courir dans la forêt sans se faire repérer. Ceux qui travaillent quotidiennement le saut, la quadrupédie, la natation, le lancer, l'escalade et même à se servir d'une arme à feu. Ceux qui élaborent des kits de survie avec de l'eau potable, des énergies solaires et des plantes médicinales en prévision d'une attaque terroriste, d'une pandémie, d'un réchauffement climatique, d'une guerre nucléaire ou biologique. Jérôme était rassuré. Pour une fois, il y avait plus alarmiste que lui. Théo était peut-être excessif mais ça avait au moins l'avantage de rendre Jérôme heureux. L'alcool y était aussi pour quelque chose. Entretemps, il n'avait pas manqué l'occasion d'afficher son mépris envers les fermes voisines et « tous ces petzouilles qui se vautrent dans le conventionnel. » Patureau en avait pris pour son grade : lui le complice du remembrement, ce salopard à la solde de la FNSEA, qui avait accepté d'accompagner les fossoyeurs de la paysannerie. Jérôme avait raconté à Théo comment dans les années 80 Patureau et ses copains avaient facilité les épandages aériens, comment des parcelles fraîchement redistribuées avaient été gavées d'hectolitres de chimie. Comment tous ces agriculteurs de père en fils s'étaient mis à bannir le mot paysan. Ils s'étaient vus soudain comme des grands seigneurs terriens. Des magnats régnant sur des dizaines d'hectares de blé doré à l'or fin, fantasmant la technologie, les grosses machines et les écrans plasma qui afficheraient en permanence les chiffres de la Bourse du blé ou de l'orge. Finalement, le véritable vainqueur de cette course à l'argent aura été le Crédit Agricole qui, avec ses douze pour cent d'intérêt sur trente ans, aura rendu nos apprentis millionnaires plus doux que des agneaux. Fini le matériel agricole mutualisé, les moissons communes et la galette aux pommes de terre que l'on partage autour d'une piquette locale. Pourtant, des années plus tard, c'est Jérôme qui achète une moissonneuse et facture la moisson de l'amitié. Ça, même avec plusieurs bières dans l'estomac, il ne s'en est pas vanté. Il était temps de monter se coucher.

Le silence, enfin. Jérôme fait quelques pas vers la fenêtre. Il regarde le ciel comme s'il pouvait infléchir le cours des éléments :

– Ça ne se lève pas encore mais, au moins, il ne flotte plus. En Bretagne on aurait du soleil en moins de cinq minutes. Un coup de vent et hop.

Le visage de Théo s'illumine, comme libéré par la remarque de Jérôme :

– Vous savez que maintenant, en Bretagne, ils arrivent à faire du très bon vin, avec le réchauffement climatique ? Dans dix ans ce sera malheureusement la terre viticole idéale.

Marion caresse la nuque de Jérôme comme on le ferait pour un animal domestique :

– Allez, les petits Bretons, va falloir penser à faire partir du riz pour ce midi.

La douceur de l'instant est interrompue par la sonnerie du téléphone. Les visages se ferment un peu, le numéro du fixe ne sonne que pour le travail et rarement pour les bonnes nouvelles. Marion décroche et sourit immédiatement :

– Baptiste, bonjour, tu vas bien ? Oui, Solène est dans sa chambre, je te la passe.

Marion monte les escaliers, laissant Jérôme et Théo seuls à leurs pensées bretonnes.

17

Au réveil, la fatigue est encore là, piquant l'intérieur des paupières. Pourtant, huit heures de sommeil, c'est suffisant. Solène enfile son short dans l'obscurité afin ne pas réveiller son frère. Pourquoi partir si tôt ? Qui sont ces cinglés qui viennent acheter des fromages à 7 heures du matin un dimanche ?

Vendredi, après la crise dans la voiture, Solène s'est enfermée dans sa chambre. Sa mère n'aura pas réussi à la convaincre de redescendre. Elle n'a pas dîné, prétextant un mal au ventre inattaquable. De son lit, elle entendait les bruits d'assiettes, de couverts et cherchait à décrypter des bribes de conversation pour savoir si on parlait d'elle. Elle est restée allongée une bonne partie de la soirée, refusant l'entrée de la chambre à Gabin, Solène laissait son cerveau distribuer une série de flashes puisés essentiellement dans les heures passées au bord de la rivière : les mains de Baptiste sur sa peau, sur son sexe, les spasmes et, ensuite, son corps qui s'éteint, la course avant la sonnerie du collège, la Clio arrivée trop tôt, le départ précipité, sans pouvoir l'embrasser, sans même lui dire qu'elle n'irait pas au tennis, que son week-end serait chargé d'odeurs de purin, de lait caillé, de fiente, de bouse et de fourrage.

Le lendemain, Solène n'a pas bougé de son lit. Son estomac avait beau se serrer comme un poing, elle a tenu à résister le plus longtemps possible, attendant que l'on s'inquiète pour elle, que l'on prenne enfin la mesure de l'injustice. Vers 11 heures 30, sa mère est entrée dans sa chambre, téléphone à la main et sourire entendu. Elle a caressé de l'index la joue de sa fille avant de s'éclipser. La voix de Baptiste dans le combiné. Solène n'en est pas revenue. Le numéro fixe de la maison trouvé sur le site des pages jaunes. Elle a réagi sèchement, sans lui laisser la moindre chance d'inverser l'humeur exécrable :

– Tu dois pas m'appeler à ce numéro, mon père veut pas qu'on encombre la ligne, c'est un numéro professionnel.

– T'es marrante, t'as qu'à avoir un portable aussi. On se voit cet aprèm ?

– Non, j'ai des trucs à faire

– Tu rigoles ? Allez, dis-moi, y a autre chose ?

– J'ai pas envie de te voir, lâche-moi !

Baptiste qui appelle chez elle : c'était comme s'il était déjà sur place à juger l'odeur, du salon et les effluves animales qui s'y engouffrent du matin au soir. Comme s'il pouvait constater le déclin des bâtiments, les toits bricolés avec la bâche.

Soudain, elle a pensé aux jardinières disposées de chaque côté de la porte d'entrée. Avec ces géraniums aussi violacés qu'impersonnels, elles étaient minables comparées au jardin des Faugère et leurs glycines grimpant jusqu'en haut de la pergola. Solène a senti une rougeur gagner ses joues. Elle a expédié Baptiste, transformant son malaise en mystère, sa colère en autorité. Ses prétextes la grandissaient et elle livrait avec aplomb la règle indispensable pour garantir la pérennité d'un couple : ne pas être constamment collés l'un contre l'autre, avoir du temps pour soi afin de mieux se retrouver. Ça l'a rendue dingue de devoir être aussi rude avec Baptiste. En réalité, elle crevait d'envie de se barrer d'ici, de passer le week-end au tennis ou au bord de la rivière dans ses bras, à se faire peloter et à fumer des clopes.

Son père a fini par lui adresser la parole. Au moment de servir le riz aux courgettes, il a pris son air de patriarche, faisant mine de maîtriser la situation avec une chaleur protectrice dans la voix :

– Solène, ma grande, demain matin je voudrais que ta maman se repose un peu. Tu iras vendre les fromages à Ambrault avec Théo.

– Tu me dis ça au dernier moment. Je suis obligée d'y aller ?

– Oui, t'es obligée.

– Mais moi aussi j'ai besoin de me reposer. En plus, Ambrault, c'est tout pourri.

– C'est comme ça. Et puis je crois savoir que vous ne vous fatiguez plus trop au collège en ce moment ?

Marion a fait une moue, celle qui se veut rassurante, qui est là pour tempérer :

– Oh, Jérôme, je suis pas si fatiguée, je peux le faire le marché.

– Dans deux jours, c'est les vacances. Elle peut se bouger quand même ? OK, ma grande, tu fais ce qu'on te dit ?

Théo s'est tourné vers Solène. Il a accompagné son sourire d'un clin d'œil :

– C'est cool, je te laisserai conduire, Solène. Ça va, Jérôme, si je lui laisse le volant ?

Solène a gardé son visage contrarié mais son père a quand même fait mine de rigoler.

Ensuite, Jérôme les a envoyés nettoyer le bâtiment avant la traite de fin de journée. L'orage avait à peine rafraîchi l'atmosphère, et le soleil, en refaisant surface, raréfiait de nouveau l'air. Gabin jouait déjà avec ses Playmobil sur la dalle en pierre située sous les fenêtres. Le contenu de la grande boîte en plastique transparent vidé par terre, un chevalier s'affairait à stocker des Winchester sous des géraniums en grimpant à une échelle de pompier posée contre la jardinière. Gabin est toujours très à l'aise dans ces histoires sans époque, les pirates cohabitant avec les pharaons et les astronautes se mélangeant à l'univers équestre. Solène a enfilé la combinaison verte de sa mère qui s'en est émue :

– Dis donc, ma chérie, c'est peut-être la dernière année où tu peux la mettre, qu'est-ce que tu as grandi.

À l'aide de sa main valide, Marion a chaussé ses bottes en caoutchouc.

– Tu fais quoi, maman ? Tu restes pas à la maison ?

– Gabin joue bien, je viens vous tenir compagnie.

Théo et Solène ont commencé à racler le fumier des caillebotis. Sous l'effort, une chaleur humide n'a pas tardé à se coller aux combinaisons. Marion s'est appuyée contre un cornadis et a expliqué à Théo que l'isolation de l'étable n'était pas aussi performante qu'on aurait pu s'y attendre. Jérôme avait beau soutenir le contraire, les vieux murs épais en pierre calcaire gardaient mieux le frais que ce bâtiment neuf qu'ils avaient fait construire dès leur arrivée. Théo s'est arrêté un instant :

– Les anciens faisaient bien les choses. Faut pas croire. La modernité n'est pas toujours un progrès, loin de là.

L'effort l'empêchait de développer sa pensée, chaque mot était accompagné d'un souffle court. Solène aurait bien aimé qu'il parle davantage, avec toute son aisance, ses gestes et sa voix grave. Sa mère a poursuivi son monologue, magnifiant la vie aux côtés des vaches, exagérant l'émotion qu'elle ressentait quand, en fin de journée, elle entendait la musique arythmique des cornadis :

– J'adore ça, c'est magnifique, ça fait le même bruit que les mâts des bateaux dans les ports.

Depuis combien de temps Solène n'avait-elle pas vu l'océan ? Des gouttes de sueur perlaient sur son front. Elle aurait bien piqué une tête dans l'eau iodée. Imaginer un bain de mer lui a donné encore plus chaud.

– Punaise, je bous là-dessous.

Solène a fait glisser les deux fermetures Éclair blanches à l'avant de sa combinaison agricole, laissant apparaître deux tétons saillants sous un marcel bleu. Elle a tiré une première fois sur sa manche, en vain. La transpiration formait une colle poisseuse entre la peau et le coton. Son poing a agrippé sa manche avec force et, dans une grande impulsion, le tissu récalcitrant s'est enfin détaché, coulissant jusqu'au poignet. Elle a croisé le regard de Théo. Un regard étrange, troublé. Elle ne l'avait pas remarqué, le marcel avait glissé le long de son bras, découvrant entièrement son sein nu. Solène a remonté sa bretelle, sans détourner le regard, comme s'ils étaient seuls. En une fraction de seconde, elle s'est tournée vers sa mère, le visage coupable. Marion regardait ses pieds et le béton noir de lisier, trop occupée à raconter cette matinée où Jacinthe avait vêlé devant leurs yeux. Ce jour où Jérôme et Marion n'avaient rien vu venir. Le troupeau broutait l'herbe humide. Les mâchoires faisaient des va-et-vient, et le son de la mastication ressemblait à des bruits de pas sur du gravier. Jacinthe s'était soudain couchée, paisiblement, comme pour faire un somme. Marion avait vu sortir du cul de la vache une matière molle, mouvante, qui se déployait et grossissait à vue d'œil. De loin, on aurait dit un grand sac en plastique ou un immense encornet violet, légèrement gris, avec des teintes jaunes par endroits. Jacinthe ne réagissait pas, comme si elle ne se rendait compte de rien. Seul son ventre bougeait, indépendamment de sa volonté. Sa tête s'est ensuite tournée vers la forme étrange et flasque. Elle s'est levée lentement, laissant apparaître dans le vide la tête et les deux pattes avant du veau. La vache est restée debout, immobile pendant quelques secondes. Son petit demeurait pendu. S'il n'y avait pas eu quelques spasmes, on aurait pu croire qu'il était sans vie. Il est alors tombé d'un coup, aussi élégamment que l'aurait fait une bouse. Jacinthe, le cul maculé de sang, a commencé à lécher son veau. Au bout d'une minute, il tenait droit sur ses quatre pattes entre lesquelles pendait un cordon rouge chair.

– C'est bon, maman, c'est dégueu là.

– Chochotte ! On dirait pas une fille de la campagne.

– Je suis de la ville au départ, je te signale.

La voix de Marion a accompagné le bruit des racloirs jusqu'à l'ultime étape du jet d'eau. Théo avait également ôté le haut de sa combinaison. Sous sa peau cuivrée, fine et glabre, se mouvaient des muscles allongés, tendus, des muscles qui n'ont jamais soulevé de la fonte. Jérôme est entré dans l'étable, souriant et satisfait :

– Beau boulot, bravo, on pourrait manger à même le sol. Théo, tu viens ? Je te montre la remorque.

– Chéri, tu pars tôt demain ?

– Avant nos vendeurs de fromages, c'est sûr, Patureau m'attend pour 5 heures.

Solène est retournée à la maison avec sa mère, laissant son père et Théo préparer le fromage pour le marché. Devant l'entrée, gisaient des Playmobil, abandonnés lâchement avec leurs outils et leurs fusils, une pluie de cailloux et de terre les ayant visiblement tous décimés.

– Gabin, quand on joue, après on range.

Marion s'est agenouillée, attrapant d'une seule main les jouets pour les lâcher dans un bruit sec contre le plastique de la boîte. Solène a abandonné sa combinaison souillée dans la corbeille de l'entrée puis est montée à l'étage, laissant sa mère maugréer contre les chevaliers et les pirates. Dans sa chambre, elle a ôté son short et son marcel dont le dos était parsemé de longues traînées blanches salées, les abandonnant à même le sol. Elle a jeté un coup d'œil dans le couloir et filé en culotte jusqu'à la salle de bains, protégeant sa poitrine avec ses deux poings. La douche a coulé longtemps. Puis Solène est sortie de la salle de bains avec cette étrange impression d'avoir un cœur trop vaste pour elle. Elle s'est couchée tôt, expédiant l'omelette et la salade verte, évitant les yeux verts de Théo.

Solène regarde sa montre : 7 h 25. Ils partent dans dix minutes et elle n'a pas encore pris son thé. Elle descend l'escalier, ses Converse à la main. Dans la cuisine, une odeur de café à peine perceptible. Les bols sèchent sur l'égouttoir. Sur la table, un beurrier et du pain sous un torchon. Elle verse l'eau fumante de la bouilloire dans un bol, y plonge immédiatement un sachet de thé. Elle s'avance vers la fenêtre. Personne dans la cour. Théo doit être encore en salle de traite. La moissonneuse de son père n'est plus là mais la remorque grise est déjà accrochée à la Clio. Pliée, elle ressemble à n'importe quelle remorque de campeur : petite, carrée et recouverte d'une bâche plastique dont les sandows, une fois attachés, forment des triangles équilatéraux. Ce petit étal réfrigéré pourrait accueillir bien plus de fromages que la ferme n'en produit. Solène avale une gorgée de thé et se dirige vers la fenêtre côté jardin. Théo est assis en tailleur dans l'herbe, les genoux touchant le sol, le dos bien droit et les mains placées l'une sous l'autre, sous le bas-ventre. Il a ôté son tee-shirt et garde les yeux fermés. Son corps, pourtant immobile, semble se mouvoir. Solène est fascinée. Son père dit souvent qu'il n'a rien contre le yoga, la méditation et tous ces trucs hindous, mais qu'il a besoin d'être dans l'action, le mouvement. Rester à ne rien faire le rendrait fou. Solène observe encore un instant Théo. Elle s'attarde sur ses cheveux bouclés, son cou, son collier de perles marron et blanches. Lui reviennent en tête des fragments de discussions entre Théo et ses parents, ces échanges soporifiques à table ou dans le salon autour d'une tisane : les énergies spirituelles, l'influence de la lune, les écovillages, la transe hypnotique, les chantiers participatifs, l'échec de l'Oasis Carapa, Gaspard Steiner, le compostage, l'autogestion de Marinaleda. Théo vient de joindre les mains contre son plexus solaire. Il fait quelques longues respirations et ouvre les yeux. Solène détourne le regard. Elle prend une dernière gorgée et vide le reste du thé dans l'évier. La porte d'entrée émet un bruit aigre, Théo est déjà dans la cuisine :

– Salut, Solène, en forme ? Prête à décoller ?

– Prête, je t'attendais.

Ils se dirigent vers le labo et en ressortent immédiatement avec des cagettes de fromages protégées par des torchons blancs. Ils montent en vitesse dans la Clio. Théo règle son siège avant et tourne la clé de contact.

La route est humide. De maigres lambeaux charbonneux parcourent un ciel qui se dégage à chaque instant un peu plus. Théo évite avec prudence les renflements et les creux du bitume. Sur le bord de la route, le passage de l'orage est encore perceptible. L'herbe grasse scintille près des flaques et les premiers rayons du soleil se reflètent dans l'eau sale. Dans certains virages, des faisceaux aveuglants transpercent les haies ajourées. Théo fait régulièrement pivoter son pare-soleil, fermant tour à tour dans une grimace l'œil gauche et l'œil droit. Solène reste impassible avec ses lunettes noires, des contrefaçons Ray-Ban achetées pour quelques euros à un Sénégalais au marché de Chavesne. La route est encerclée par des champs de blé qui semblent se prolonger sans fin. Théo rompt le silence :

– Tu te rendors pas, hein ? Regarde ce blé, c'est pas possible. Non mais regarde la hauteur, c'est dingue quand même ?

– Pourquoi ?

– Normalement le blé devrait être beaucoup plus haut que ça. Sauf qu'avec l'azote et tous ces épandages il a tendance à se coucher. Alors on le raccourcit avec des hormones, comme pour les muscles des gymnastes de l'Est. Et puis t'as vu ? Pas un seul coquelicot.

Solène acquiesce timidement, dissimulant à peine son ignorance :

– Il t'a pas appris ça, ton père ? Le dérèglement climatique, il vient aussi de là.

– Si, si. Enfin l'été il fait chaud, y a rien d'anormal non plus.

– Les gens ne se rendent pas compte que sur Terre il y a une harmonie à respecter. Tout le monde se fout de la disparition des espèces.

– Ben si c'est triste.

– Oui mais tout le monde s'en fout quand même. Alors qu'en fait, c'est super inquiétant. Par exemple, quand la loutre marine est en danger, tu t'en fous ?

– Je vois même pas à quoi ça ressemble.

– Et voilà. Pourtant quand la loutre marine disparaît, y a trop d'oursins. Trop d'oursins donc moins de nourriture pour les poissons, donc moins de poissons au final. Tout est lié, mademoiselle Solène.

– Nous, on mange jamais de poisson, sauf quand Gabin pêche de la friture et c'est pas souvent.

Théo fait un sourire perplexe :

– Ça te passionne pas trop, hein ?

– Quoi ?

– La ferme, la nature, l'écologie ?

– Si, j'aime bien. Mais y a pas que ça dans la vie.

– Y a quoi d'autre ?

– Je sais pas moi, plein de trucs.

– Comme quoi ?

– Plein de trucs je te dis, lâche-moi.

Solène ricane en écartant une longue mèche de cheveux.

– Tu sais pas alors ?

– Lâche-moi, retourne à tes loutres. Si t'es aussi relou avec les petites vieilles d'Ambrault, on va pas en vendre beaucoup des fromages.

Théo lance une pichenette sur l'épaule de Solène :

– Tu me connais mal, je vais sortir le grand jeu : « Comment elles vont les belles beautés ? J'adore vos cheveux soyeux, oh quelle magnifique couleur violette. »

– Y a aussi des p'tits vieux, j'te signale. Tu vas leur dire aussi mes belles beautés ?

– Alors papy chéri, on kiffe le fromage ? Vous portez déjà sur vous une belle odeur de moisi.

C'est la première fois que Solène se retrouve seule avec Théo. Elle n'imaginait pas une telle complicité possible ni autant d'aisance. Les rires moqueurs irradient leurs visages.

La Clio passe devant le panneau *Ambrault*. Les regards complices se multiplient. Comme s'ils avaient le même âge. Théo a peut-être son bac et son permis, mais il n'y a pas ce rapport d'allégeance entre eux, de subordination, comme avec les pions du lycée. Si Baptiste les voyait, il serait mort de jalousie. Depuis hier, elle se sent un peu obligée de le tenir à distance. Elle compte bien ne pas lui parler avant demain au collège. Cette idée la fortifie, l'élève, la rend moins empêchée. La Clio bifurque à droite dans une rue étroite à sens unique. Au bout de cent mètres, ils arrivent sur la place du village.

– Dis donc, c'est ça le marché ? C'est minuscule.

– J'oubliais que monsieur à l'habitude des grandes foires en Lozère.

– T'es con. Si la recette du jour paie l'essence, ce sera déjà pas mal.

Le marché est abrité sous une très vieille halle. Sans doute un monument du XVe siècle. Le bois de la charpente est noirci par les années et presque argenté par endroits. Les Monuments Historiques ont su protéger ce joyau local qui, malgré les guerres, les orages et les incendies, est toujours là, à l'identique. En revanche, on a sacrifié le sol pavé par quelque chose de plus pratique et de plus moderne : des dalles carrées de béton gravillonné, à l'aspect jauni, où s'imbriquent, à intervalles réguliers, des dalles de grès foncé.

Théo détache la remorque et l'avance sous la halle où s'affairent déjà un apiculteur, un maraîcher et un volailler. À l'écart, un marchand de vêtements installe sous son auvent des chemises à carreaux, des blouses de travail à fleurs et des bermudas kaki.

– Putain y a personne. On fait quoi, mademoiselle Solène ?

– Tu veux faire du shopping ? Si t'insistes, je t'offre cette jolie robe à pois. Ça irait bien avec ton collier de perles.

– T'as vu, ils vendent des gaines, tes culottes préférées ? C'est un beau beige et elles remontent jusqu'au nombril comme tu aimes.

Peu à peu, la halle se remplit, des visages familiers se saluent : des vieilles dévertébrées avancent lentement dans leurs baskets orthopédiques, de jeunes retraités du bâtiment ou des administrations, jean clair et veste Adidas Challenger d'un autre temps, promènent leur calvitie et leur cabas en osier, tandis que de rares couples trentenaires, néoruraux en Kickers bigarrées traînent leurs enfants aux cheveux longs et broussailleux. Certains sont là parce qu'ils ne peuvent pas faire autrement depuis que la supérette du village a fermé. D'autres sont portés par un esprit militant. La plupart attendent fébrilement cette échappée sous la halle, seule fenêtre hebdomadaire dans le monde des vivants. Solène lance une tape sur le bras de Théo :

– Tu vois le p'tit vieux qui vient vers nous ?

– Lequel ? Y a que ça, des p'tit vieux.

– Celui avec les cheveux longs qui porte le tee-shirt Johnny.

– Oh la vache, c'est un champion, lui. C'est quoi toutes ces plumes ?

– Il se prend pour un Indien. Tu vas voir, il est super relou et il pue grave de la gueule. Il veut qu'on l'appelle l'Apache.

– Tu déconnes ?

L'Apache n'achète pas seulement du fromage : il veut savoir si les vaches n'ont pas eu trop chaud, si les orages étaient aussi violents dans les hameaux voisins, si Théo est de la région, en quelle classe est Solène. Avec un peu d'habitude, on pourrait aisément deviner ce qu'il va dire et savoir que lorsqu'une pièce tombe à terre, ça ne repousse pas. L'Apache récupère sa monnaie puis se penche vers Solène :

– C'est Théo qu'il s'appelle déjà ? C'est ton p'tit amoureux, non ? Ça se voit.

Solène cache difficilement sa gêne mais Théo vient à son secours, très à l'aise avec l'Apache :

– Ouais, on se marie bientôt, dans l'Oklahoma, là où vivaient mes ancêtres, les Cherokees.

La matinée s'écoule avec ses moments d'affluence autour de l'étal, ses fromages frais emballés dans du papier paraffiné et ses échanges de monnaie dans la caisse en acier bleu. Par instants, la halle se vide d'un coup. Théo et Solène ont à peine le temps d'ouvrir leur thermos qu'une flopée de gens sans doute moins matinaux envahit de nouveau la place.

– Il est 11 heures et on a presque tout vendu. On est des pros. Ma mère aurait pas fait mieux.

– En même temps, on a intérêt à ramener de la thune, un billet Paris-Oklahoma City, c'est pas donné.

– Laisse tomber, je préfère me marier avec l'Apache.

À midi, la halle se vide définitivement. Pendant que les commerçants plient, rangent et jettent, des odeurs d'ail, d'oignon grillé et de friture au beurre s'engouffrent dans les rues désertes. N'ayant que leur remorque à plier, Théo et Solène sont les premiers à quitter le marché. Les autres suivront peu après, laissant le soin aux employés municipaux de ramasser les empilements de cagettes et de légumes invendus.

Le retour se fait dans une Clio vitres ouvertes, d'où s'échappent les rires de Solène. Théo imite les petites vieilles achetant du fromage. Il plisse l'œil droit, tord exagérément sa bouche. Si la voix chevrotante est parfaitement perchée dans les aigus, son accent emprunte davantage à la Belgique qu'au Berry. Devant un pré immense, il prend soudain un air habité et une posture de cow-boy :

– Tu vois, mon p'tit, ces terres, ce ranch et ce troupeau de buffles, un jour tout ça sera à toi. Avant il y avait ces sales Apaches mais ils ont tous fini par goûter le plomb de ma Winchester.

– Regarde la route, Clint Eastwood.

Solène relève ses lunettes de soleil et jette à Théo un regard intense. Aujourd'hui, le trajet lui semble bien court. On aperçoit déjà les Maisons Rouges. Son ventre se comprime d'un coup. Le portail est ouvert. Dans la cour, le Ford Ranger de Faugère et, quelques mètres plus loin, la moissonneuse de son père.

18

Sans qu'on la remarque, la lumière dorée est déjà là. Pour le moment, elle se mélange au clair de lune. Dans une heure, elle gagnera en intensité et le soleil, caché sous la ligne d'horizon, formera une bande floue caressant les frondaisons du bois. Avant, Jérôme ne faisait pas la différence entre la nuit et le crépuscule. Il ne remarquait même pas ce passage de la nuit noire au bleu métallique. Il aura fallu ces réveils fréquents à 4 ou 5 heures du matin pour apprécier ces minutes où la clarté solaire entre en fusion avec la lumière blanche. Le ciel est encore sombre mais on devine quelques nuages qui traversent lentement le ciel dans un silence fragile. Jérôme avance dans le jardin en portant régulièrement à sa bouche un mug fumant. Heureusement, Solène dort : elle déteste quand il met son bermuda à poches, son bob Festina et ses claquettes en cuir. Elle dit que ça fait péquenaud du Tour de France. On voit bien qu'elle n'a jamais passé dix heures sur une moissonneuse. Jérôme ne supportant pas la clim, la cabine est une fournaise dès le milieu de la matinée. Pour l'instant, l'air est frais et la pelouse mouillée lèche ses chevilles nues. On entend une rumeur. Le silence n'est pas brutalement rompu mais il s'efface à mesure que Théo se rapproche de la ferme avec le troupeau. Jérôme est rassuré, les vaches seront bien en salle de traite à 5 heures. Théo est sérieux malgré son idéalisme un brin babos. Jérôme abandonne son café sur la table du jardin et balaie du bout des doigts la rosée luisante qui s'est déposée sur le plastique blanc pendant la nuit. Il lève les yeux vers le ciel, regarde les étoiles sans nom, puis tente d'apercevoir l'orée du bois. La strophe d'un rouge-gorge suivie de celle d'un troglodyte fauche net ses pensées. Jérôme regarde sa montre : 5 heures moins dix, il est en retard. Il attrape sa banane et sort dans la cour, une paire de bottes à la main. Il pose un pied sur l'échelle verte, monte dans la cabine et démarre la moissonneuse, une John Deere flambant neuve. L'engin est impressionnant : console de commande numérique, grande surface vitrée, caméras, sans oublier les lumières reproduisant parfaitement la lumière du jour. John Deere ou la démonstration de la puissance agricole, façon Robocop. Pourtant, Jérôme aura mis du temps à se décider : des heures passées à regarder les tutos sur YouTube. Des heures passées à se gaver d'images d'engins triomphants dans les champs des Grandes Plaines, du Montana ou du Texas. Des dizaines de clips de moissonneuses dont on entend rarement le bruit du moteur, seulement un fond musical d'euro danse ou de techno pour ploucos.

Jérôme fixe constamment l'ordinateur de bord et le portail. Les lumières de la machine éclairent la cour et leurs faisceaux impriment des ombres menaçantes sur les murs des bâtiments. La moissonneuse fait des bips alarmants mais elle finit toujours par passer *in extremis* entre les deux poteaux.

L'engin clignotant barre maintenant les trois quarts de la route communale. Jérôme se crispe à chaque virage. Il faut dire que le Pacific Club n'est pas très loin et que la petite route des Maisons Rouges permet d'éviter les contrôles de gendarmes sur la départementale adjacente. On ne compte plus les collisions au retour de la discothèque vers 5 heures du matin, le dimanche, quand le crépuscule bleuté et le whisky Coca donnent des ailes d'ange aux conducteurs. La moissonneuse franchit la dernière côte avant la ferme de Plaunay. De loin, avec son cockpit vitré, sa carrosserie de tank futuriste et ses phares orangés qui rasent le sol, la John Deere ressemble au vaisseau d'un space opera. La maison de Patureau est éteinte mais il y a de la lumière du côté de l'étable. Jérôme gare tant bien que mal sa moissonneuse devant le portail, tous feux clignotants. Il coupe le moteur et s'avance vers les bâtiments. Il traverse la cour. Son regard s'arrête d'abord sur le vieux poulailler en ciment puis sur la niche. Patureau a perdu son chien le mois dernier. Il fallait s'y attendre, l'animal avait quatorze ans, il était à moitié sourd et aveugle. Trois mois auparavant, sa femme est morte d'un cancer à l'hôpital de Saint-Arbord. Patureau a alors parlé de loi des séries. Il ne s'est pas montré trop abattu, juste résigné et fataliste. Pour la première fois, Jérôme l'a trouvé touchant. Pourtant, qu'est-ce qu'il a pu le détester.

La porte de la maison est entrouverte. Jérôme passe une tête et perçoit les odeurs de renfermé, mélange de friture, de café et d'haleines vinaigrées. Ça pue la solitude et la vie d'avant. L'aube ne va pas tarder. Jérôme bouillonne déjà. Il faut y aller. Qu'est-ce qu'il fout ? Après tout il n'a pas besoin de Patureau pour moissonner. Il se dirige vers les lumières de l'étable. Tout va très vite. Une force qui le pousse, le conduit à côté de la salle de traite. Là où se trouvent le tank à lait, le bureau et un vieux calendrier des PTT. Il ne faudrait pas voir, ni sentir : l'odeur de merde, de soufre, d'urine rance, de fermentation, d'entrailles gazeuses. Un corps par terre, gisant à même le ciment taché de purin, la flaque brune autour du crâne, le haut du pantalon trempé, la bouche ouverte, la peau plombée, couleur d'étain, et les yeux qui ne regardent plus rien. Patureau étendu dans ses excréments, sa pisse et son sang. C'est imprimé, à vie, cette lumière tamisée, ce silence écrasant, ces mouches qui tournoient. Jérôme se fige. Quelques secondes qui durent des heures. Patureau. Les yeux de

Jérôme hébétés, fixant ce corps raidi qui n'habite plus ses vêtements, cette viande fétide, ce ragoût pestilentiel, ces cheveux gris humectés. Immédiatement la pulsion de vie. Sortir de là, mettre la main devant la bouche puis l'ôter, c'est trop tard, Jérôme vomit devant la porte de la salle de traite. Un jet violent sur la terre poussiéreuse et les cailloux blancs. Il avance dans la cour, les jambes tremblantes. Il sort de sa banane un téléphone à clapet. Au bout de deux appels, Faugère décroche enfin :

– Christian, c'est horrible. Venez. Il bouge plus, il s'est tué. Patureau.

Vingt minutes à tourner dans la cour, à guetter le bruit du moteur du Ford Ranger. Les gendarmes arriveront en premier. Martinat lui parlera comme s'il était un enfant ou un demeuré. Il y aura quelques regards de suspicion, juste pour la forme. Jérôme ne verra pas les ecchymoses de Patureau aux genoux et aux coudes. Il entendra à peine les mots que le docteur Faugère chuchotera à son dictaphone : « Crise convulsive, réaction adrénergique, corps rigide, traces de putréfaction, peau grisâtre. »

19

On en parle partout. Dans la cour, au CDI, près du porche à vélos, à la cantine. Les visages sont souvent graves. La plupart affichent une fascination morbide. Peu s'en amusent. Toujours est-il qu'il n'est question que de ça. Certains élèves se découvrent une affection et un deuil à faire avec leur cousin éloigné. Beaucoup se targuent d'être de la famille Patureau. Ce n'est pas difficile quand on connaît la forte inertie des habitants de la région, qui, bien avant le plan Marshall, vivaient de façon communautaire, achetant la paix des hameaux avec des noces de raison, se refourguant les neveux, les nièces ou les cousins en échange d'un lopin de terre, de quelques vaches ou d'une boucherie quand l'ascenseur social avait la chance de fonctionner. Ce matin, Baptiste est arrivé au collège avec de quoi alimenter la machine à fantasmes. Le secret médical devenant poreux une fois la porte de la maison familiale franchie, Baptiste est celui qui sait. Dès 9 heures, M. Doucet est sorti de la salle des profs et a pris Baptiste par l'épaule, l'extirpant loin de sa petite bande. Que s'est-il passé exactement ? Baptiste raconte : Patureau a avalé du paraquat, un puissant insecticide interdit en France depuis 2007. Aucune chance de survie, les dégâts sont irréversibles : lésion corrosive de l'œsophage, insuffisance rénale, insuffisance respiratoire. Baptiste n'en dit pas plus. Les détails croustillants, il les garde pour Dylan ou pour Le Yams. Dans une réaction de survie prévisible, le corps de Patureau s'est tordu, contorsionné, cherchant à expulser le poison qui s'infiltrait déjà dans ses organes. La danse convulsive n'aura duré que quelques secondes. Plongé dans un coma définitif, Patureau s'est vidé. Il s'est débarrassé de ses déchets, de sa poubelle, laissant le liquide vert terminer le boulot. Le cœur qui ne bat plus. Le pourrissement qui commence. Il n'est pas le seul à avoir gardé un bidon orange et blanc dans son armoire de produits phytosanitaires, au cas où. Fini la corde sur la poutrelle de la grange ou le coup de chevrotine sous la mâchoire. Aujourd'hui les agriculteurs peuvent revendiquer une certaine modernité, y compris dans le domaine du suicide. Patureau a choisi un lieu symbolique, la salle de traite. La petite pièce près du tank à lait, avec la table blanche en bois, la radio poussiéreuse et les classeurs à anneaux. Le grand gobelet en plastique, rempli de cette solution aqueuse, de la couleur du Get27. Cul sec. L'affaire de quelques secondes. Pas le temps de cogiter.

Au cours de la matinée, les paroles de Baptiste sont enrichies, travesties. Les plus sensationnalistes parlent de menaces de mort, d'une enveloppe, d'un corbeau. Si Baptiste ne confirme rien, il ne dément pas. Il est le héros en première ligne, le témoin privilégié. Il garde à la fois une mine affectée et une voix distanciée. Solène ne lui connaissait pas ce ton sérieux et emprunté de présentateur de JT. À 9 heures, quand elle est entrée dans la cour, il fanfaronnait déjà. Ils ne se sont pas parlé, seulement envoyé des œillades noires et contrariées. Baptiste n'a pas digéré le coup de fil de samedi.

Solène marche lentement dans la cour en évitant les grappes d'élèves, tenant Margot par le bras. Tout l'agace : Baptiste et son excès de confiance, la compassion des élèves, le magnétisme dans lequel l'école est plongée. Elle ne comprend pas pourquoi on crée un mystère autour de la mort de Patureau. Pourquoi fait-on comme s'il y avait une enquête à mener ? Pourquoi personne ne parle des créanciers, des lettres du Crédit Agricole, du Trésor public, de l'assurance contre les intempéries qu'il n'avait pas pris soin de renouveler ? Pourquoi personne ne lui demande sa version des faits à elle ? C'est quand même son père qui a trouvé Patureau étendu. Comme si ce n'était qu'un détail, comme si ça ne comptait pas. Pourtant il fallait voir le regard perdu de son père quand elle est revenue du marché. Solène y pense tout le temps.

Le visage froid, sans expression. Ses doigts grattant sans cesse les poils de sa barbe, passant du menton à la joue droite et de la joue droite au cou. Il était dans le salon, assis dans le vieux fauteuil en velours. Faugère était là également, un verre de cognac à la main. Une bouteille offerte à Jérôme par un vieil oncle de Marion il y a six Noëls de ça. Une cuvée Grande Champagne de 1990, le millésime du siècle. Elle n'avait jamais été entamée.

Quand Solène est entrée dans le salon, sa mère s'est précipitée. Sa voix était douce, presque chuchotée, comme si on veillait un défunt :

– Patureau est mort, c'est ton père qui l'a trouvé ce matin. Il est en état de choc. Le docteur Faugère est venu lui apporter des anxiolytiques.

Dans cette sombre matinée, Faugère trouvait une maigre consolation : le cognac était exceptionnel. On avait même levé l'interdiction de fumer dans la maison. Impassible, Théo ne s'est pas attardé. Il s'est empressé d'aller ranger les cagettes de fromages au laboratoire. Solène s'est approchée du canapé. En s'asseyant sur la margelle de la cheminée, elle a croisé le regard de Faugère. Il y avait une profonde tristesse dans ces yeux-là. Ce n'était pas les yeux cuirassés d'un médecin mais ceux d'un homme ordinaire qui en veut à la vie, comme s'il la découvrait. Cette vie qui reprend immanquablement tout ce qu'elle a donné de plus beau : la douceur, la vitalité, le rire, la jeunesse, la félicité, l'ivresse. Cette vie qui finit par vous priver du vent, des arbres, de la pluie et des odeurs d'herbes fraîches. Si Jérôme était blotti dans le silence, Faugère avait besoin de parler. Il y a deux semaines encore, il était à la chasse avec Patureau qui lui confiait qu'il n'y arrivait plus, que si le corps tenait, la tête allait lâcher. Lui qui s'en était toujours bien sorti, lui qui avait eu le soutien du Crédit Agricole pendant des années, lui qui pensait même il y a six ans faire la culbute en investissant cinq cent mille euros dans de nouveaux bâtiments. Deux ans après, il y avait eu la crise du lait, les coopératives qui achètent au plus bas, les subventions qui servent tout juste à rembourser la banque. Puis cette année, quand sa moissonneuse était tombée en rade, il s'était finalement résigné à payer les services de Jérôme, quitte à être dépendant de son planning. Plus assez de revenus pour dégager un salaire décent. Il y eut les nuits courtes et agitées. La maladie de sa femme. Un cancer, elle n'aura pas tenu six mois. Puis la mort de son chien. La solitude et l'angoisse qui tenaillent. La peur de perdre ne serait-ce que dix pour cent de sa récolte. Il ne pouvait pas imaginer la ferme vendue aux enchères. Il ne pouvait pas imaginer le commissaire-priseur frappant son marteau sur une petite table de camping à l'abri du vent, sur un carré d'herbe. Les fouille-merde foulant son domaine, achetant son tracteur pour une bouchée de pain. Les ferrailleurs et les marchands de bestiaux se disputant la pailleuse, le semoir ou la faucheuse. Le pire étant pour Patureau d'imaginer ses vaches, ses filles comme il disait, monter dans la bétaillère d'un étranger. Puis la cour déserte, les bâtiments vides, la ferme vendue en quelques jours à un retraité hollandais. Dans sa famille, on était agriculteur depuis des générations. Patureau était le premier à avoir pu mettre de l'argent de côté, il était devenu conseiller municipal, faisant la fierté de sa femme, et de son fils, vingt-huit ans, parti travailler dans le bâtiment en attendant de reprendre l'exploitation comme il l'avait promis. En perdant sa ferme, Patureau perdait son identité et éteignait une longue lignée d'agriculteurs. Il avait prévenu ce jour-là à la chasse : il fallait que ça cesse, sinon ils allaient bien voir. À mesure qu'il racontait l'histoire de Patureau, Faugère s'était resservi plusieurs fois du cognac. La fumée de sa cigarette s'engouffrait dans ses yeux. Il frottait son œil humide. On aurait dit qu'il allait chialer. Il avait sans doute envie de pleurer sur sa propre vie sans que personne le remarque. Un décès vous en donne souvent l'occasion. Finalement, il avait évoqué sa dernière rencontre avec Patureau :

– Mercredi, il était à mon cabinet. Sa tension était haute. Il ne dormait plus. Je lui ai donné du Xanax. Faut dire qu'il l'attendait sa moisson. Il disait que c'était maintenant, qu'il allait flotter vendredi.

– J'ai fait ce que j'ai pu.

– Je sais bien, Jérôme, j'ai pas dit le contraire. Mais ça le tourmentait.

« J'ai fait ce que j'ai pu. » C'est la seule phrase que Jérôme a prononcée dans le salon. Une phrase qui résonne comme une épitaphe.

Solène et Margot se dirigent vers la cantine. Elles longent le CDI quand Baptiste les rattrape, suivi de Dylan qui les apostrophe :

– Les filles, vous faites quoi ? Vous venez pas chez Baptiste ? Vous préférez vous intoxiquer comme Patureau ?

Margot enchaîne sans se soucier de Solène :

– On est tranquilles, viens pas nous couper l'appétit. Dis donc, ça doit être fatigant pour ton pote de jouer à Pujadas depuis ce matin ? Faudra penser à faire une sieste.

– Trop drôle, t'as tes règles ou quoi ?

Baptiste ne comprend pas le froid entre Solène et lui. Ce malaise qui pointe. Où est l'évidence des mains chaudes sur le cou, le bas du dos, les cuisses ? Quand tout bouillonne, quand les bouches veulent manger la peau, renifler les cheveux, pétrir les seins et les fesses. Pourquoi soudain tout est-il différent ? C'était juste un coup de téléphone chez ses parents, rien de méchant. Qu'est-ce qui ne va pas ? Qu'est-ce qui cloche chez elle ? Baptiste s'approche de Solène, prenant sa voix de professeur péremptoire :

– On se voit à 14 heures ? Il faut que je te parle, c'est urgent.

Solène, hésitante, laisse Margot répondre pour elle :

– Ouais, on verra si on n'est pas mortes intoxiquées d'ici là. Salut.

Solène y pense pendant tout le déjeuner. La phrase de Baptiste s'infiltre dans chaque bouchée de tomate mozzarella, chaque morceau de pain trempé compulsivement dans la sauce. Qu'a-t-il de si important à lui dire ? Les mots de Margot censés être rassurants la mortifient :

– S'il te largue, tant mieux, bon débarras. Tu vaux mieux que ça, meuf.

En début d'après-midi, Magdelin, le prof de sport, a parcouru la cour afin de constituer un groupe d'élèves pour remettre de l'ordre dans la pièce de stockage des sports collectifs. Solène et Margot, adossées contre le mur du préau, ont vite été repérées et sommées de rejoindre le reste de la troupe malchanceuse, effaçant tout espoir de passer quelques heures au bord de la rivière. Toujours très à l'aise, Magdelin les a hélées de son accent chantant :

– Allez, les poulettes, on s'active. Vous venez avec moi, rangement du matériel avant les vacances. Hop, hop, hop !

Avec ses pectoraux parfaitement galbés, son visage fin, son nez grec et ses yeux brillants, il a tout du candidat de téléréalité. Magdelin vient de Lunel et a été muté à Levroux pour son premier poste, il y a tout juste deux ans. Une chance pour un jeune prof quand on craint d'être parachuté en région parisienne, dans les cités de Mantes-la-Jolie, Corbeil-Essonnes ou encore Montfermeil. Pourtant, dans le Berry, l'accent du Sud est rarement perçu comme une chose charmante. Il est synonyme de crétinerie, de naïveté et de vantardise, définitivement associé à la vieille France d'après guerre qui rit devant Raimu ou Fernandel. Les clichés sont aussi tenaces que l'obscurantisme qui les fabrique. Que l'on vienne de Nice, Toulouse ou Narbonne, il y a toutes les chances pour qu'au Café des Sports de Levroux on vous appelle le Marseillais.

Le groupe disparate, composé d'une majorité de sixièmes et de cinquièmes, doit d'abord trier les maillots et les pendre ensuite sur le support mural en acier. Il est évident que ce grand nettoyage annuel n'a pas lieu à chaque fois, si l'on en croit le nombre de ballons crevés et la couche de poussière sur les plots ou les cerceaux. Solène et Margot ont tout juste terminé le rangement quand elles entendent la sonnerie de 16 heures. Plus qu'une heure à tirer. La plupart des troisièmes sont partis, Baptiste et Dylan ne sont pas réapparus de l'après-midi. Margot fixe son portable et s'adresse à Solène sans la regarder :

– Putain, y fait chier le Marseillais, c'était la teuf au tennis apparemment. Dylan a fait des posts tout l'aprèm. En même temps, on n'aurait pas kiffé, y avait Le Yams au meilleur de sa forme.

Peu avant 17 heures, un petit groupe vient se coller à la grille du collège. Le Yams, levant les bras au maximum, accroche ses mains aux barreaux de la grille et exerce des tractions viriles. Baptiste est avec eux. Quand il aperçoit Solène, il entre dans la cour et se précipite vers elle.

– Margot, tu nous laisses ? On n'en a pas pour longtemps.

Margot tourne les talons. Aussitôt, Baptiste s'approche de Solène et l'embrasse du bout des lèvres. Elle lui rend son baiser. Parce qu'elle ne s'y attendait pas. Baptiste la prend dans ses bras et ils s'embrassent un long moment, jusqu'à ce que le besoin d'oxygène se fasse sentir. Baptiste lui caresse le front du dos de la main puis porte sa bouche à son oreille :

– On est encore ensemble alors ?

– Oui.

Solène ne dit pas un mot de plus, elle ne comprend pas son désir et aimerait rentrer chez elle. La Clio rouge ne va pas tarder.

– Solène, j'ai un truc important à te dire.

– Quoi ?

– J'aimerais bien qu'on fasse l'amour. J'en ai très envie. Et toi ?

Solène prend un temps qui lui paraît déjà trop long.

– Je sais pas.

Elle se tourne alors vers la grille et aperçoit Théo. Il fait un signe de la main et crie son prénom.

– C’est qui lui ?

– Merde, c’est Théo, il vient me chercher. Faut que je file.

Solène lâche la main de Baptiste et s’éloigne sans même l’embrasser.

20

– C'est dingue, même ici c'est blindé. Je vais pas tourner en rond pendant dix plombes, quand même ?

Jérôme grimace et on ne sait plus si c'est dû au soleil qui le gêne ou à l'impossibilité de se garer. Marion, à ses côtés, nettoie ses lunettes noires à l'aide d'un kleenex qu'elle humecte de salive. La Clio emprunte à nouveau toutes les rues aux abords de l'église. Même les places réservées aux handicapés ont été prises d'assaut. Les gens se pressent tête baissée, par groupes de trois ou quatre, occupant parfois la moitié de la chaussée. Principalement des sexagénaires et des septuagénaires. De loin, le noir ou le gris prédominent, à l'exception de certaines femmes qui portent un violet liturgique s'accordant parfaitement à la couleur de leurs cheveux filasses et clairsemés. Souvent, un châle de soie enveloppe le haut du dos en prévision de la fraîcheur de l'église. Les hommes ont des pantalons en toile noire ou des jeans foncés. L'effort vestimentaire tient essentiellement en une veste flottante, aux bras trop longs et aux épaules rembourrées. De larges cravates glissées sous le haut du pantalon épousent parfaitement les ventres bombés. Certains n'ont pas eu autre chose à se mettre qu'une veste en skaï râpé. Jérôme repasse devant le parking de la halle où une majorité d'utilitaires, de vieilles Peugeot ou Renault des années 2000 stationnent de façon anarchique. La Clio s'aventure dans la petite rue de la Poste et finit par trouver une place devant l'ancienne mercerie. Jérôme sort du véhicule et range les clés dans sa banane. Il s'observe discrètement dans la vitre de la portière avant et tire sur le bas de son polo noir. Le glas qui sonne agit comme une alarme :

– Merde, ça commence.

Marion se presse à ses côtés. Dans le passage étroit qui mène à la rue de l'église, elle tente un sourire encourageant, puis une légère caresse sur la nuque. Ça ne suffit pas à détendre la mine pétrifiée de son mari.

Jérôme et Marion longent maintenant un muret tacheté de mousse grise. Ils aperçoivent enfin l'église, à l'aplomb de la rivière, baignée de soleil. Une chaleur verticale et blanche s'abat sur un petit groupe adossé contre le garde-corps du pont qui sépare la route de la petite église. Jérôme reconnaît le fils de Patureau, un garçon déjà bedonnant et rougeaud pour son âge. Il flotte dans son costume tout comme le vieil homme qui l'accompagne. Deux femmes, à la soixantaine bien tassée, tiennent un panier floral composé de chrysanthèmes et d'œillets blancs. De l'autre côté du pont, près de la balustrade, attendent en rang d'oignons les amis de la famille, des agriculteurs voisins et tous ceux qui, en lisant le faire-part publié dans *Le Berry républicain* la veille, avaient pris soin de noter l'heure et la date de l'enterrement. Si lire les avis d'obsèques dans le journal régional est un passe-temps salutaire pour la majorité de baby-boomers présents ici, un enterrement est une occupation sociale encore moins négligeable. Le docteur Faugère est entouré d'amis chasseurs munis d'une couronne de couleurs vives. Jérôme et Marion rejoignent l'extrémité du rang quand apparaît le corbillard. Un curé à l'étole violette avance vers la famille du défunt. Sa couleur de peau tranche avec sa chasuble blanche. Dans les campagnes, ça fait bien longtemps que les dévots ont accepté la présence de curés africains dans leurs églises, seule alternative à la fermeture des lieux de culte. L'homme de couleur, comme il convient de le nommer chez les paroissiens, devient finalement plus rassurant que le sympathique prêtre rondouillard blanc qui faisait autrefois asseoir sur ses genoux les jeunes servants d'autel.

Une musique enregistrée jaillit des haut-parleurs disséminés dans la nef. Jérôme et Marion trouvent une place dans les derniers rangs, près d'un pilier. Le prêtre ânonne d'abord quelques mots sur Jésus-Christ, puis, dans une pirouette hasardeuse, digresse sur Patureau dont l'existence lui était encore inconnue la veille. Un texte très certainement écrit par la famille. On apprend que le défunt nous a quittés brutalement, qu'il aimait avant tout la vie, sa femme, son fils dont il était très fier, son chien si fidèle, ses amis, ses vaches, les bons repas, la chasse, la nature, sa ferme et son village pour lequel il avait donné tant de temps. Il avait eu, comme tout un chacun, des moments de doute avec toutes les difficultés malheureusement courantes que connaissent les agriculteurs aujourd'hui, des moments de deuil avec la perte de son épouse mais aussi de grandes joies comme celles de la naissance de son fils ou de la réussite du dernier comice agricole dont il fut le président, auréolé par la présence de Miss Centre et d'Alain Héraud, représentant de la FNSEA du Cher. Il répondait toujours présent quand un ami avait des problèmes. Il savait tendre la main y compris à ceux qui ne partageaient pas les mêmes valeurs que lui. Patureau va certes beaucoup manquer à sa famille, à ses amis. Si le chagrin et la douleur peuvent leur sembler aujourd'hui insurmontables, il faut savoir regarder vers l'avant et se réjouir, la mort n'étant pas la fin de tout et certainement pas un arrêt de la vie. Les mots du prêtre ont l'air de réconforter les proches. Patureau peut partir en paix, les réformes liturgiques, principalement celles du code de droit canonique de 1983, permettent aujourd'hui aux suicidés et aux divorcés de bénéficier d'une cérémonie religieuse et, *in fine*, de monter au ciel. La cérémonie se termine par une homélie pompeuse où se mêlent des passages de l'Évangile de Matthieu et des souvenirs de promenades en forêt, de courses cyclistes dans les années 80 avec des psaumes portant sur la colère et l'espoir. « Mon Dieu, pourquoi m'as-tu abandonné ? »

Jérôme s'avance près du cercueil. Il hésite entre poser la main sur le chêne verni, arroser le défunt d'eau bénite ou faire un vague signe de croix. Finalement, il ne fait rien de tout ça. Il est ailleurs. Il se sent dévisagé par certains. En réalité, les agriculteurs pour qui il moissonne évitent son regard. On le juge. Montée d'angoisse. Une boule au ventre bien plus violente que celle qu'il trimbalait le jour où il a passé son master d'agronomie. Ça irradie, même dans le haut du crâne. Une boule qui lui rappelle combien on ne maîtrise rien, combien il est inutile d'échafauder des plans, des stratégies et qu'il est rare que tout se passe comme prévu. Envisager le pire n'est jamais trop sage. Depuis lundi, Jérôme a passé une trentaine d'heures sur la moissonneuse. Ce matin il y était encore, avec ce siège qui est un supplice pour les fesses et le dos. La sueur qui pique les yeux, les oreilles qui réclament le silence absolu, ne serait-ce que quelques minutes. Les vibrations de la machine, même si elles sont faibles sur un modèle aussi performant, parcourent ses os longtemps après qu'il est descendu de la cabine vitrée, comme un mal de moisson. Le lendemain du drame, il a bien fallu reprendre le travail. Malgré les visions de Patureau étendu, ces flashes de visage sans vie, de peau froide et blanche, de matières fécales et de sang. Jérôme n'a pas gobé les anxiolytiques de Faugère. Trop peur d'être amorphe le matin, trop peur de s'endormir sur la machine. Tant pis pour les démons, les taches d'encre, les pensées grippées. Jérôme le sait bien, l'habitacle de la moissonneuse est le terrain idéal pour se créer des nœuds au cerveau. Surtout si, par lassitude, on coupe la radio. L'encéphale rabâche, fait des boucles, creuse, déterre les dossiers qui fâchent, exhume dans les moindres recoins les idées anciennes, les projets abandonnés. Il revisite chaque décision importante de l'existence, chaque événement déterminant sous un angle retors et corrompu. Il condamne, souligne, culpabilise. Jérôme souffle par grandes vagues. Mais ça ne change rien à son état. Et s'il avait tout faux ? Si lui aussi allait droit dans le mur avec ses affaires de moisson chez les conventionnels, d'association avec les coopératives, de poulets livrés par milliers aux bourreaux des abattoirs ? Depuis deux ans, Marion ne le soutient plus autant qu'avant. Quand il lui a dit ça, elle a objecté qu'il s'agissait juste d'un ressenti, pas de la réalité. Pourtant, durant les premières années à la ferme, elle appuyait toujours ses choix, l'encourageait. Maintenant, la fatigue aidant, il lui arrive de le contredire froidement. Surtout devant Théo. Surtout depuis Théo. Difficile alors, même s'il se déteste dans ces cas-là, d'éviter les crises où, une fois les enfants endormis, il lui crache à la gueule cette sensation de désamour qui le ronge, le scepticisme constant qui lui fait sortir des phrases définitives : « Tu ne m'admires plus, tu ne m'aimes plus, tu m'en veux. » La présence de Théo lui pèse de plus en plus. Sa vision radicale du changement, son obsession d'une décroissance toujours plus drastique, sous l'ascendance magnétique de la pensée christique et rigoriste de son gourou de Lozère, Gaspard Steiner, ont renforcé l'angélisme de Marion. Le soir, que Jérôme revienne de la moisson ou des prés, il trouve presque toujours le même comité d'accueil : Marion et Théo l'attendent au salon, avec Solène quand il n'est pas trop tard. Ils boivent de la tisane, feuilles de menthe et verveine, ou plus rarement de la bière artisanale offerte contre quelques fromages par des brasseurs babos sur les marchés de Levroux ou de Chavesne. Plusieurs fois, Jérôme s'est senti mis de côté. Après dix heures de moisson, les paroles de Théo résonnaient encore plus violemment. Lundi soir, Solène a eu cette phrase attendue :

– En gros, il faudrait qu'on revienne à l'ère de la bougie ?

Théo a immédiatement enchaîné :

– Pas du tout, au passage la bougie ça pollue. Ce serait évidemment débile de se passer du monde moderne, mais on pourrait imaginer une société où il n'y aurait qu'une sorte de frigo possible, et pas des milliers de modèles avec des tas d'options qui ne servent à rien. Pareil pour les voitures. On s'en fout du Bluetooth connecté à nos smartphones qui sont eux-mêmes connectés à Big Brother, alias Google ou Mark Zuckerberg. Ce qu'on veut, c'est bien aller d'un point A à un point B, non ? Alors pourquoi on nous demande d'être toujours dans une course à la technologie, à la performance ?

Deux verres de bière avaient suffi à Marion pour qu'elle soit à la fois en admiration devant les raisonnements de Théo et effrayée par le tableau d'une catastrophe annoncée. Jérôme lui a toujours connu cette candeur, ce côté gentiment perché où, entre un proche et un illustre inconnu, la parole de chacun a une importance égale. C'est aussi ce qui l'avait séduit : un curieux alliage de décontraction bourgeoise et hippie. Ce soir-là, épuisé par les images atroces de la veille qui tournaient en boucle dans sa tête, Jérôme était resté assis au fond du fauteuil, sans dire un mot, apathique. Théo avait sorti le grand jeu en insistant sur la montée des eaux, les réfugiés climatiques, la disparition des espèces, la pollution des sols, les guerres mondiales et la fin programmée du monde du vivant. Marion semblait découvrir l'étendue du désastre. Pourtant, ensemble, ils en avaient souvent parlé. C'est même pour cette raison qu'ils avaient tout plaqué, Orléans, le confort bourgeois, le stress urbain, les pics de pollution à répétition, l'individualisme et la compétition. Bien sûr, à l'époque, il n'y avait pas la même urgence. Par moments, Jérôme la trouve bien crédule. Ça l'agace de voir Marion se pâmer devant les mêmes saillies utopiques et ces mots naïfs tout juste acceptables dans une classe de maternelle. Ces éternels poncifs de fumeur de joints qui découvre l'eau tiède en affirmant avec courage que le monde est trop superficiel, qu'il faut le réenchanter, que la vie est précieuse et belle, que la seule croissance qui vaille, c'est la croissance du cœur, de la beauté et de l'entraide. Reste le principe de réalité. Jérôme sait bien que le mode de vie occidental est impactant. Il n'est pas dupe : peu d'Occidentaux seront capables de suivre le chemin de l'ascétisme et peu accepteront de ne posséder que trois vêtements, de renoncer au bœuf Charal en promotion, de vendre leur voiture, de se priver des fast-foods et des plats préparés, de préférer deux jours de train à une heure d'avion, de fermer les yeux sur le dernier smartphone ou la nouvelle collection jetable H&M. Théo oublie que ceux qui seraient prêts à accepter la révolution écologique ne sont pas nombreux, y compris au sortir d'une pandémie. Jérôme l'affirme souvent lors de ses interminables débats avec Marion : les pauvres veulent désormais jouer aux riches. Même en France, ils ne manifesteront jamais pour un changement radical de société. S'ils bloquent le pays, ce sera pour réclamer plus de consommation, plus de McDo, de centres commerciaux et d'écrans

4K. Sans le savoir, ils manifesteront pour ce monde ultra-libéral, pour le droit à en être, à faire partie de l'élite qui se gave, qui profite, qui dépense sans compter, qui gaspille des ressources à l'infini dans un monde fini. La majorité des habitants de la planète préférera emprunter docilement la ligne de mort. Un jour, Jérôme a lu dans un magazine d'histoire que bien avant la grande révolution néolithique, il existait déjà ce comportement endémique consistant à détruire, saccager, piller, tuer, polluer et contrarier l'harmonie. Le colibri aura beau faire sa part, comme le serine à chaque conférence durement monnayée Gaspard Steiner, à la fin l'incendie chauffera quand même la roche, noircira les cours d'eau pour enfin calciner nos chairs et nos os. Jérôme se dit que tout ça est inhérent à ce que nous sommes, à savoir des individus débiles et suffisamment bornés pour rendre possible l'extinction de leur propre espèce.

21

Le dos nu forme un arc de cercle et les vertèbres se dessinent parfaitement sous la peau bronzée. Penché au-dessus du couvercle, le corps épouse l'arrondi de l'inox. Les bras tendus, Théo mesure une nouvelle fois le niveau du tank à lait dans l'espoir de faire mentir le résultat précédent. Solène se tient à l'écart, juste derrière sa mère, et observe Théo avec insistance. Elle pose son regard sur ses mollets secs et fins puis s'attarde sur la naissance des fesses, les épaules galbées, les poils ténus des aisselles. Quelques mouches volettent. On entend surtout la respiration hachée de Théo qui enfonce au maximum la réglette à l'intérieur du tank. À côté, le bruit de balancement des cornadis masque les pas de Gabin qui surprend tout le monde en entrant dans la salle :

– Théo, on voit tes fesses, et Solène elle regarde, je te signale.

Se sentant protégée par la faible luminosité, Solène rougit à peine, quelques secondes, du bout des joues. Elle emboîte le rire de sa mère, un rire assez ressemblant mais nettement moins appuyé.

Théo attrape la feuille plastifiée avec le tableau aux cases noires et blanches. Un coup d'œil suffit pour convertir la graduation. Il relève la tête et s'adresse à Marion :

– On a bien perdu cinquante litres. Y a pas de doute.

Marion fait une mine embarrassée :

– J'arrive pas à y croire à cette histoire de parfum, ce serait dingue quand même.

– Je vous l'ai dit, quand j'étais aux Ormeaux, c'est arrivé à un gars d'une ferme voisine. Gaspard Steiner nous a raconté qu'après la visite du véto, le soir même, il y avait moins de lait dans le tank. Y a des parfums qui perturbent les vaches. Ils freinent la lactation. Sans compter que les vétos sont comme la plupart des toubibs, leur but, c'est de vous gaver avec un maximum d'antibios et de chimie.

Heureux d'avoir raison, Théo offre un sourire large et satisfait. Ses yeux s'agrandissent comme s'il venait de trouver un trèfle à quatre feuilles. Il enchaîne immédiatement :

– Et puis faut pas croire, les vaches, ce sont des êtres vivants comme nous, avec leur sensibilité, leurs émotions. Vous comprenez pourquoi je suis végan maintenant ?

Ce matin, Jérôme avait fini par appeler Jourdan. Il n'a pas voulu prendre le risque d'une complication. La semaine dernière, la patte était presque guérie mais l'animal s'est réinfecté. La vache boitait depuis mi-juin, alors tant pis pour les honoraires qui coûtent un bras, le miel ou l'argile ont parfois leurs limites. Théo voulait essayer un dernier onguent en rajoutant de l'huile essentielle d'arbre à thé mais Jérôme s'y est opposé. Jourdan est arrivé dans son utilitaire Kangoo, gardant au chaud sa berline au garage pour les sorties dominicales. Comme toujours, Jourdan embaumait l'atmosphère de sa fragrance pour riche, boisée et safranée. Il ne sera pas resté plus de dix minutes avec le troupeau. Juste le temps de perfuser 125 ml d'antibiotique et de griffonner la marque d'une bande de soin extensible. C'était suffisant en tout cas pour modifier la lactation des vaches. La ferme aura perdu plus de cent litres de lait à cause d'un parfum masculin élégant, sophistiqué et intense.

Solène est ailleurs. Elle passe ses doigts sous la manche de son tee-shirt et gratte le haut de son biceps en faisant des allers-retours réguliers. Son corps tout entier semble alors s'allumer quand elle se tourne vers sa mère :

– Si c'est ça, faudrait lui dire à Jourdan, qu'il arrête la cocotte ou qu'il nous rembourse le lait perdu.

Marion jette un rire sec et franc. Elle et Jérôme n'ont jamais pu saquer Jourdan. Il est le seul vétérinaire de Levroux. Malgré une calvitie bien avancée, Jourdan a seulement quarante-cinq ans. Il est arrivé de Levallois il y a dix ans, avec femme et enfants en bas âge. Des cousins sur place l'avaient informé de la pénurie de vétérinaires dans le canton. Il a rapidement vendu son appartement de 100 m2 situé côté Neuilly, près du métro Anatole-France. Il fut ensuite facile de devenir l'un des notables les plus imposants de Levroux. Jourdan a acheté la grande demeure bourgeoise située à la sortie du village, celle avec un cèdre du Liban trônant au milieu d'un parc immense. La maison est longtemps restée en vente à un prix décourageant. Les anciens propriétaires, des Parisiens, n'étaient pas pressés. Jourdan et sa femme l'ont achetée bien au-dessus du prix du marché. L'agent immobilier avait trouvé les bons arguments : le bruit courait même que William Leymergie y avait séjourné. La famille Jourdan s'est donc installée dans les années 2000. À l'époque le jeune vétérinaire n'avait pas encore chaussé ses grandes lunettes épaisses et ses tempes n'étaient pas grisonnantes. Il avait déjà tout du gentleman farmer, portant chemises à carreaux, pantalons en velours kaki et petits foulards en soie. Rapidement, Jourdan a monté sa clinique à deux pas de la place du village. Avenante, avec une conscience de classe revendiquée, la famille s'est imposée auprès des habitants du canton. Madame est devenue très active au sein de l'association Patrimoine et Paysannerie. Monsieur est devenu conseiller municipal. Dans le cas de Levroux, il est important de préciser que la politique locale se résume à une position de notable : le maire n'est pas celui qui sait fédérer une équipe, il n'a pas de vision pour sa ville, d'empathie ou de considération pour ses concitoyens, encore moins un dévouement à toute épreuve. Souvent à la retraite ou en fin de parcours professionnel, il s'invente grâce à son costume de maire un pouvoir, une aura, un charisme. Il est le roi dans un jeu d'échecs et l'immobilisme reste sa principale occupation.

Théo descend les deux marches de l'échelle. Il pose la réglette et remonte le haut de son bermuda. Marion prend un air grave et murmure comme si des micros étaient placés dans la salle de traite :

– Les enfants, on ne dit rien à Jérôme pour cette histoire de lait. Il est crevé et tendu en ce moment, il n'a pas besoin de ça.

– Théo aussi c'est un enfant alors ?

Gabin, content de son bon mot, s'éloigne dans la cour.

Solène croise le regard de Théo et ça lui fait le même effet que si elle avalait un verre d'eau glacée à jeun. Elle file vers la maison en accélérant le pas. Au moment d'ouvrir la porte d'entrée, elle entend au loin la voix de sa mère.

– Mon ange, il est tard, tu mets la table, y a une salade de maïs dans le frigo. On passe au poulailler et on arrive.

Solène attrape le téléphone sans fil et part s'enfermer dans sa chambre. Elle avait promis à Baptiste qu'elle l'appelait avant le week-end. Elle voulait le faire attendre jusqu'au vendredi soir mais c'est finalement elle qui est à bout de patience. Elle ne l'a pas vu depuis mardi. C'était la dernière journée d'école. Elle a passé l'après-midi chez Baptiste. Sans Margot, sans Dylan. Le matin a mal commencé. Baptiste lui a encore reproché sa distance, sa froideur. Trop compliquée, pas assez franche à son goût. Elle n'a pas répondu, ne sachant pas si Baptiste l'agaçait ou si elle avait peur de le perdre. Elle l'a embrassé. Juste un baiser rassérénant à la commissure des lèvres. À midi, elle a accepté de le suivre chez lui. Maryvonne avait préparé des croque-monsieur qui sortaient parfaitement snackés d'un appareil au revêtement antiadhésif très performant. Solène et Baptiste se sont ensuite éclipsés dans la chambre. Assis sur le lit, ils se sont embrassés un long moment. Baptiste maintenait une main sur l'épaule de Solène, l'autre sur son sein. Ensuite ils ont lentement glissé et se sont retrouvés allongés. La tête de Solène s'enfonçait dans le duvet d'oie de l'oreiller. Baptiste appuyait son sexe contre sa cuisse. Parfois, elle apercevait le renflement victorieux du bermuda Quiksilver. Le soutien-gorge dégrafé était désormais une formalité. Les doigts de Baptiste pétrissaient son sein. Son gros pouce irritait l'aréole. Le matin, Solène avait eu la mauvaise idée d'enfiler sa jupe en jean. Baptiste avait facilement accès à sa culotte. Tout allait trop vite. Son majeur jouait avec l'élasticité du coton. C'était effrayant et agréable. Elle voulait à la fois se donner et tout verrouiller. Elle se sentait considérée et salie. Elle aimait la bouche, la peau, les cheveux, les yeux, le dos, les mains qui se nouent. Plus rarement, elle avait aimé sa verge contre son clitoris ou la raie des fesses mais seulement protégés par la matière, le tissu, le jean. Elle appréciait moins quand il hoquetait, soufflait, gémissait. Elle avait bien essayé de l'imiter une fois mais son plaisir s'était stoppé net dès les premiers soupirs appuyés. Là, elle a senti que l'excitation était différente des autres fois. Il y avait certes du plaisir mais aussi de l'agacement. Tout s'est arrêté violemment quand la main de Baptiste s'est frayée un chemin sous le liseré de coton qui longeait l'aine. L'ongle qui râpe la fine peau de sa vulve, les doigts qui se heurtent à la toile pubienne. L'excitation qui fait place à la douleur. Un réflexe, la main de Solène qui dégage les doigts fureteurs :

– Non Baptiste, arrête.

– C'est quoi ton problème ? Tu casses le délire. C'est l'autre ? C'est à cause de lui ?

– Quel autre ?

Solène savait bien que Théo n'était pas passé inaperçu à la sortie du collège. Contrairement à son père, lui attendait derrière la grille. Même à côté du Yams, il faisait presque aussi costaud et plus grand. Il était surtout bien plus beau que tous les garçons de l'école. Baptiste a soudain entendu la voix de son père qui s'adressait à Maryvonne dans la cuisine. Solène a chuchoté :

– Putain, c'est ton père. Qu'est-ce qu'on va faire ?

Baptiste est resté quelques secondes sur le palier, à guetter. Par la fenêtre de la chambre, Solène a aperçu, posté au milieu de la pelouse, le docteur Faugère avec une carabine à viseur et à ses pieds un amas de vêtements kaki. Le chien faisait comme des tours de piste en aboyant par intermittence devant un monticule de terre.

– Pourquoi Bidouille il aboie comme ça ? Bapt, viens voir, il fout quoi ton père dans le jardin ?

– Putain, il a sorti la .22 long rifle. Laisse tomber, parfois il fait des trucs chelous.

Solène se risque :

– C'est à cause de ta mère ?

– Non, il est comme ça je te dis. D'ailleurs ma mère va bientôt revenir. Je t'expliquerai.

Baptiste s'est approché de Solène et l'a embrassée doucement en lui prenant les mains. Ils ont alors entendu les cloches de l'église. Il était trop tard pour des reproches. Encore plus pour s'allonger sur le lit. Solène a posé la tête sur le torse de Baptiste. Ils se sont blottis un instant l'un contre l'autre, presque immobiles. Baptiste a avalé plusieurs fois sa salive avant de lui glisser à l'oreille :

– T'as réfléchi ? À ce que je t'ai dit dans la cour lundi ?

Solène s'est sentie moins troublée que la première fois. Elle a desserré ses bras et, faisant un pas en arrière, l'a regardé droit dans les yeux.

– J'en ai parlé à Margot.
– Quoi ? Tu rigoles ?
– Mais non, je déconne. T'aurais vu ta tête.

Baptiste s'est rapproché d'elle. Il l'a embrassée dans le cou, à la lisière du cuir chevelu et a pris sa voix douce :

– Alors sérieux ?
– Oui, je veux bien.

Elle avait dit oui comme ça. Sans doute pour le côté marquant et inoubliable. Parce que ce oui l'avait fait grandir en quelques secondes. Parce que c'était comme si elle l'avait déjà fait. Une première marche franchie. La plus difficile, pensait-elle. Parce que c'était plus simple aussi. Il était 17 heures 06 et Théo devait déjà l'attendre devant la grille du collège.

Solène raccroche plusieurs fois en appuyant avec nervosité sur le bouton rouge du téléphone. En début d'après-midi, elle a d'abord appelé sur le portable de Baptiste qui sonnait dans le vide. Elle a fini par avoir Maryvonne sur le fixe. Sa voix était acérée, sèche et plaintive. Baptiste était parti au tennis. Il ne rentrerait pas avant 19 heures. Maintenant, au bout de plusieurs longues sonneries, c'est le répondeur qui se déclenche. Baptiste n'est sans doute pas chez lui. À cette heure, le soleil est doux, il réchauffe mais ne brûle plus. Solène a passé sa journée à nettoyer le poulailler, à cueillir les haricots verts et les tomates anciennes, à mouler les fromages. Là, il faut encore sortir les assiettes et les couverts. Ils mangent tôt, avant 20 heures. Les autres sont à l'heure espagnole, comme ils disent. Elle imagine Baptiste avec Margot, Dylan et tout un petit groupe. Peut-être même les deux lycéennes de la dernière fois. Le tennis ou le pré au bord de la rivière. Les paquets de chips éventrés dont il ne reste plus une miette. L'enceinte de Dylan qui crache de la musique qu'on n'entend même plus. Les mégots de cigarettes formant un petit tas au pied d'un acacia. La bouteille de deux litres de Coca renversée sur le sol. L'herbe saccagée par le poids des corps étendus. Si seulement la ferme n'était pas aussi loin du village. Elle serait avec eux. Et ce vélo qui n'est toujours pas réparé. Théo lui a pourtant promis qu'il s'en occuperait. Hier, pendant qu'ils mettaient le caillé dans les moules, il lui a parlé de la décroissance et des petits gestes du quotidien que tout le monde pourrait faire. Par exemple, se demander si, avant d'acheter une énième paire de baskets Nike, on en a vraiment besoin. Préférer l'occasion au neuf. Diminuer sa consommation de viande. Il rageait contre ce qu'il appelait les bobos privilégiés, incapables de montrer l'exemple. Solène ne comprenait pas tout, bien trop absorbée par les yeux verts de Théo. Elle était maintenant capable de soutenir son regard sans rougir.

– Faut arrêter avec la bouffe industrielle, toutes ces merdes, les chips à l'ancienne, le Nutella, les nuggets gorgés d'eau, saturés de gras et tous ces produits tellement transformés, ultra-transformés qu'un scénariste de films d'anticipation n'oserait pas en écrire la recette.

Il n'y avait pas de colère dans sa voix mais son débit était rapide, animé. Solène lui a fait remarquer qu'à la maison c'était plutôt l'austérité qui primait. Qu'entre les mormons et son père la différence était ténue.

– Je vois plein de choses que vous pourriez changer, Solène. Pourquoi tous ces trajets en voiture ? Le collège n'est qu'à cinq kilomètres. À vélo, avec de l'entraînement, tu y es en un quart d'heure. Tu gagnes en liberté et tu pollues moins.

Pour une fois, Solène avait des arguments. Son père en parle souvent, on fait culpabiliser M. Tout-le-monde et, pendant ce temps-là, les grosses industries et les longs-courriers Dubaï-Los Angeles ou Dallas-Sydney peuvent continuer d'émettre leurs gaz à effet de serre :

– Tu parles, c'est pas la Clio qui va dérégler le climat, quand même. Mon père dit que le chauffage au bois, c'est bien pire.

– Il ne faut pas raisonner comme ça, on doit la jouer collectif. Il ne reste plus beaucoup de temps si on veut avoir une chance d'éviter la catastrophe. On doit tous faire des efforts, changer nos modes de vie. Tu te rappelles l'histoire du petit colibri ?

– Oui, je sais, mon père m'a déjà saoulé avec ça.

Théo s'est mis à rire, un rire bienveillant, affectueux :

– Allez, viens, on va saluer les poulets ? Si tu veux, demain, on s'occupe de ton vélo. Ça me prendra cinq minutes.

Ces journées passées avec Théo rendent le travail à la ferme plus agréable. Solène aime le provoquer. Comme s'il ne l'impressionnait pas. Théo est toujours souriant, détendu. Il la contredit avec douceur, ses yeux restent toujours espiègles. Elle oppose l'argument du changement de planète, de la vie sur Mars ou dans un immense vaisseau. Elle dit que les scientifiques finiront toujours par trouver une solution. Solène n'aurait jamais des raisonnements semblables devant son père. Jérôme s'agacerait tout de suite et, dans sa dysphonie colérique, il la traiterait de petite égoïste et dresserait un tableau apocalyptique du futur : la surconsommation et la pollution qui feraient fondre le permafrost libérant des virus préhistoriques jusque-là inconnus, la disparition d'un quart des espèces animales et végétales d'ici à 2050, plus des centaines de millions de réfugiés climatiques, le conflit syrien étendu au reste du monde, les guerres nucléaires, la chaleur invivable, les pluies torrentielles, les incendies, les cyclones, sans oublier des milliers de villes saccagées, pillées, englouties, rayées de la carte. Son père est persuadé que les films d'anticipation des années 70 sont prémonitoires. Elle se rappelle avoir regardé *Soleil vert* à la télé, elle avait douze ans. Le film était programmé en seconde partie de soirée. Pour une fois, Jérôme avait bien voulu qu'elle se couche un peu plus tard. L'histoire se passe au XXIe siècle, en 2022. Les animaux ont presque tous disparu de la planète. Il fait constamment très chaud, une chaleur épaisse et poisseuse. L'air est jaune, irrespirable. La ville baigne dans un brouillard huileux. Une fumée crasseuse a envahi les rues. La viande et les légumes ne sont accessibles que pour une poignée de gens très riches. L'eau se fait rare, les immeubles sont vétustes. Il y a des émeutes et des dispensaires à chaque coin de rue. À quelques exceptions près, les gens se nourrissent de tablettes de couleur, un aliment de synthèse fabriqué prétendument à partir de plancton. Solène avait trouvé le film un peu lent. Elle avait surtout aimé ce moment avec son père qui commentait, avachi dans le canapé. Une scène l'avait marquée plus que les autres : quand Sol, le vieil homme qui partage son appartement avec Thorn, le personnage principal, décide de se rendre dans un foyer où on lui offre la possibilité de se faire euthanasier. Des hommes en toge blanche le font entrer dans une pièce à l'atmosphère orangée puis ils l'installent sur un lit médical. Ils le redressent légèrement puis lui font boire un verre de vin. Très vite, ils laissent le vieil homme seul, en compagnie de la *Pastorale* de Beethoven. Sol meurt paisiblement en regardant les images d'une nature à jamais disparue mais qu'il a connue autrefois. Des prés où poussent des jonquilles, des arbres aux fleurs trop blanches et des ruisseaux bleutés. Sol dira : « J'ai vécu trop longtemps. »

Solène entend la voix grave de Théo et les inflexions chouineuses de Gabin qui montent depuis la cuisine. Elle n'a pas mis la table.

22

Jérôme a garé sa moissonneuse à l'entrée de son champ. Ayant terminé plus tôt que prévu les derniers hectares de blé des Chesniers, il va enfin pouvoir moissonner chez lui demain. Le chemin est criblé de cailloux blancs gros comme le poing et quand les bottes glissent sur le calcaire poli, les genoux de Jérôme chancellent, comme si les os n'avaient plus le soutien d'aucun ligament. Les stridulations des sauterelles cessent sur son passage puis renaissent à nouveau dès qu'il s'éloigne de quelques mètres. Un bruit de marteau frappant le métal résonne depuis la cour. Parfois le rythme s'accélère et les coups se chevauchent comme des échos resserrés passant sur une bande magnétique.

Jérôme aperçoit le garage grand ouvert. Les anciens propriétaires y garaient leur vieille 205, mais dès leur arrivée Jérôme et Marion ont acheté un hangar en tôle galvanisée livré en kit afin d'abriter à la fois les machines agricoles et la Clio. Le garage a été transformé en atelier. Dans un premier temps, Jérôme s'est pris pour un excellent bricoleur. Il avait de quoi percer, visser, pincer, poncer, scier. Il a passé des heures sur des blogs d'adeptes du *do it yourself*. Ses constructions étaient presque toujours de guingois. Souvent, il fallait refaire, reboucher, racheter. Duprat faisait mieux que lui et, surtout, il mettait deux fois moins de temps. Marion s'en est toujours amusée, lâchant son petit rire d'hyène affectueux tandis que Jérôme se drapait.

Théo est seul dans le garage. Il donne des coups de marteau avec énergie. Que trafique-t-il encore ? Une plaque de tôle zinguée est posée sur des tréteaux. Par terre sont réunis des tasseaux de sapin à peine rabotés. Il a sorti la perceuse, la boîte avec les vis, les chevilles et branché la tronçonneuse à métaux. Jérôme avale sa salive, espérant chasser les vipères qui accompagnent sa voix quand il est contrarié :

– Tu fais attention à la tronçonneuse, j'ai plus beaucoup de disques, essaie de ne pas trop me l'user.

– Je suis en train de vous fabriquer un séchoir solaire. Vous penserez à moi cet hiver quand vous mangerez du riz aux tomates ou un cake à la pomme.

L'enthousiasme de Théo balaie l'aridité de Jérôme.

– C'est bien. Tu crois que ça va marcher ?

– J'en suis pas à mon premier. Aux Ormeaux, on en a fait un paquet. Là, j'ai bien avancé mais il me manque des canisses en osier. Tu crois qu'ils auraient ça chez Bonnin ?

La voix de Jérôme est traînante et faible. Comme s'il cherchait à se débarrasser de ses réponses :

– Je ne sais pas, oui sans doute. Pour le moment j'ai pas prévu d'y passer. Ça va être l'heure de la traite, tu traînes pas ? Tu as vu Solène ?

– Elle est au tennis. Elle est partie vers 14 heures avec son vélo tout beau tout neuf.

– Quoi ? Et Marion a dit oui ? C'est pas vrai, elle sait pourtant que j'aime pas ça. Surtout quand on arrive au croisement de la route de Saint-Arbord. Et puis c'est pas comme s'il y avait pas de boulot. Autant glander au tennis.

– Elle a bien aidé quand même.

– Tu parles, si c'est pour réparer des vélos ou faire des trucs qui ne sont pas au programme c'est complètement con. C'est la même chose pour le séchoir solaire. Y a des urgences, merde !

Théo l'agace profondément. Comment fait-il pour motiver Solène ? Pour gagner son enthousiasme ? Avant, jamais elle n'aurait accepté aussi facilement de nettoyer l'étable. De jour en jour, il filtre moins et n'enfouit plus toutes ses colères et ses contrariétés. Il se révèle auprès de Théo comme il est avec sa famille en période de grand stress : triste, imbuvable, égoïste, contrariant et accusateur. Il faut dire que Théo a une lubie par jour. Hier, quand il s'est mis en tête de réparer le vélo de Solène, il n'avait toujours pas ramassé les fraises ni passé la remorque au vinaigre. En rentrant à la ferme pour sa pause-déjeuner, Jérôme l'avait surpris. Il avait réussi on ne sait comment à récupérer dans l'établi une rustine qui devait dater des anciens propriétaires. Il ajustait la hauteur de la selle. Solène montait et descendait du vélo en ricanant bêtement. La chaîne était graissée et les freins resserrés. Théo affichait un air réjoui. La réparation du vélo n'était vraiment pas une priorité. Jérôme aurait bien aimé lui faire la leçon et le renvoyer au potager mais l'excitation de Solène l'en a empêché. À la place lui est venue une boutade, plate et médiocre, celle que l'on sert sans réfléchir pour avoir l'air détendu et qui vous classe immédiatement dans le vieux monde :

– Alors Jeannie Longo, on se prépare pour le mont Ventoux ?

Solène a enchaîné sans relever l'allusion sportive :

– T'as vu ? Il est comme neuf. Théo va même rajouter un porte-bagages.

– Mouais, faudra surtout penser à rajouter des fraises dans votre panier avant qu'elles ne crament au soleil.

– On sait, papa, on s'en occupe juste après.

Jérôme s'est éloigné sans attendre. Depuis l'enfance le vélo lui fait horreur. Quand il avait sept ans, le fils de ses voisins, guère plus âgé que lui, est mort fauché par un camion sur une départementale. Le gamin roulait avec ses parents, un soir de septembre entre chien et loup. À l'époque il n'y avait ni gilets jaunes ou orange ni casques. Le chauffeur a aperçu les vélos seulement quelques mètres avant d'arriver à la hauteur des cyclistes. Apeuré, il a klaxonné. L'enfant surpris a donné un coup de guidon à gauche. Il a été tué sur le coup. Jérôme se souvient de ses parents assis dans la cuisine, les yeux rougis, de sa mère serrant un mouchoir en coton contre sa joue. Quand Jérôme avait demandé à son père ce qui s'était passé, il avait répondu dans un sanglot retenu : « Rien. »

Pendant longtemps cette histoire est restée enfouie. La naissance de Solène a activé une angoisse latente et une vision du danger jusque-là insoupçonnée chez lui : la peur de l'étouffement, de l'empoisonnement, de la chute. La conscience de la fragilité de l'existence qui pourtant ne donne pas des vies meilleures. À Orléans, ils n'avaient pas de vélo. Mais quand ils ont emménagé aux Maisons Rouges, Marion a rêvé de balades dominicales au printemps. Elle a rapidement trouvé trois VTT d'occasion. Plus tard, une draisienne pour Gabin. Une sortie aura suffi. Les vélos sont ensuite restés au garage et les balades dans les pensées de Marion, sur le siège passager du camion de déménagement. Jérôme a compris qu'à Levroux il n'y avait pas de trêve de la circulation, que les rues ne sont jamais désertes plus de vingt secondes. Dire qu'à huit ans il étendait par ennui son corps au beau milieu de l'asphalte, en plein centre-ville de Sully-sur-Loire. Il avait ce sentiment d'être à la fois maître du monde et une proie facile. Il faisait ça entre midi et deux avec son copain Arnaud, juste avant de repartir au collège. Il se passait parfois vingt minutes sans qu'on entende le bruit d'un moteur. À Levroux, ce fut sans doute le cas jusque dans les années 80. Ensuite le trafic s'est densifié et les mairies successives ont tout fait pour augmenter la dose d'hydrocarbures : une municipalité n'est dynamique que si des centaines de voitures la traversent chaque jour. En 1992, un impressionnant centre de stockage Leclerc s'est ouvert à dix kilomètres de la ville. Jour et nuit, des centaines de poids lourds ont commencé à faire trembler les maisons du centre, empruntant les rues étroites, négociant nerveusement les virages, créant des embouteillages, mordant les trottoirs, arrachant des panneaux de signalisation. Des experts ont démontré qu'un camion usait dix mille fois plus la chaussée qu'une voiture. Autant dire que les rues de Levroux se sont rapidement craquelées comme la croûte d'un gâteau au yaourt trop cuit. Les ponts ont fait l'objet d'un certain nombre de réunions au Conseil départemental. Pour la mairie, il n'était pas question de proposer un projet de déviation poids lourds, les commerçants s'y opposaient ardemment de toute façon, un camionneur restant un client potentiel. Il fallait avant tout colmater, consolider et renforcer comme le font les enfants avec leur château de sable à la marée montante ou les nobles désargentés avec leur hôtel particulier aux toitures ajourées. Emprunter les rues de Levroux à pied ou à vélo est devenu au fil des années aussi peu recommandable que circuler à trottinette sur les grands boulevards de la capitale. Pour Jérôme, la voiture reste le seul moyen viable de rejoindre la ville, le protégeant non seulement de la chauffardise décomplexée des routiers mais aussi du regard des autochtones plus insistants que ceux de ses bovins.

23

– Mon cousin de Fréjus, il m'a raconté un truc de dingo. Y a quelques années, dans son lycée, un élève qui passait son bac philo a eu comme question : « Qu'est-ce que l'audace ? » Le gars, il avait rien foutu de l'année, il était nul de chez nul. Vous savez ce qu'il a fait ?

Le Yams et Dylan sont pendus aux lèvres de Baptiste qui fanfaronne devant la grille depuis dix minutes. Solène jette régulièrement un regard vers le bout de la rue. Théo l'a déposée il y a un bon quart d'heure. Il espère trouver chez Bonnin des panneaux d'osier et de quoi réparer le toit de la grange. Il repassera la chercher après. Les résultats du brevet auraient dû être affichés dès 14 heures. La majorité des troisièmes est venue au collège un peu plus tôt. Certains sont avachis contre le muret de la grille près de la vitrine vide fraîchement débarrassée des menus de cantine et des événements extrascolaires. D'autres fixent sans relâche le bâtiment administratif ou attendent dans la voiture de leurs parents. Baptiste essaie de faire durer le suspense mais comme personne ne semble deviner la chute de son histoire, il enchaîne :

– Le gars, il se dégonfle pas, il prend son stylo et écrit sur sa feuille : « L'audace, c'est ça. » Ben il a eu 18/20.

Dylan ouvre de grands yeux de hibou, impressionné par l'exploit de cet élève fréjusien qui en trois mots a réussi à venger des générations de cancres :

– Trop fort, ce mec est un génie.

Le Yams est étonnamment moins crédule :

– C'est un mytho ton cousin. Cette histoire je la connaissais en fait, la question c'est même « Qu'est-ce que le courage ? » et pas ton truc d'audace machin.

Baptiste tente de garder une mine assurée mais Solène voit bien à ses yeux resserrés qu'il est déconfit en dedans. Samedi, quand ils ont fait l'amour, il avait le même regard gêné, en pire. Elle n'a pas arrêté d'y repenser. Elle revoit chaque minute de cette journée : quand elle se prépare, le brossage de dents après le déjeuner, le gant légèrement savonneux sous les aisselles, le parfum qu'elle prend soin de déposer sur les fameux points de pulsation, à l'intérieur des poignets et à l'arrière des oreilles, comme elle l'a lu dans un article de *Femme actuelle* chez les parents de Margot. Quand elle sort de la salle de bains, son frère qui lui dit qu'elle cocotte puis le vélo qu'elle enfourche alors que sa mère et Théo prennent le café. Elle a préféré attendre que son père soit parti moissonner pour demander la permission de se rendre seule en ville. Au moment où Solène franchit le portail de la ferme, Théo qui lui lance :

– Tu m'aides pas à fabriquer un super séchoir solaire ? Allez file. Félicitations pour ton nouveau bilan carbone.

Depuis la route, elle entend le rire amusé de sa mère. Elle change de vitesse en danseuse et la chaîne manque de dérailler. Baptiste l'attend. Ils doivent le faire, elle le sait, elle n'a pas le choix. D'habitude, elle sait gérer les contraintes, rester calme devant les obstacles, ne pas rechigner à la tâche. Mais là, c'est différent. Une forte appréhension se mêle à une envie de transgresser. Il y a le mystère aussi, l'envie d'arracher l'écorce, de grandir d'un seul coup. Il faut bien en passer par là, c'est ce qu'elle s'est répété sur la départementale où des véhicules la frôlaient de leur souffle. Juste avant le panneau *Levroux*, elle serrait fort les poignées du guidon et se mettait en danseuse malgré le grand pignon. Cette dernière côte lui a rosi les joues et chauffé les cuisses.

Quand elle arrive devant le portail vert, elle sait que le docteur Faugère n'est pas là, que Maryvonne est en congé et qu'il n'y aura personne à part eux dans la maison. Elle remarque que, sous la sonnette, la plaque dorée est momentanément illisible. En frappant le métal, les rayons du soleil projettent une lumière aveuglante. On ne distingue plus que la mention « Sur rendez-vous », et encore. Elle n'ose pas sonner. Le Ford Ranger n'est pas dans la cour. Solène dépose son vélo dans le garage à côté de la Mini Cooper de Mme Faugère. Où est passée la mère de Baptiste ? Depuis son départ, un tas de rumeurs circulent. Les plus infondées sont tenaces : on l'aurait internée à l'hôpital psychiatrique de Chezal-Benoît, ou elle aurait suivi à Nice un riche chirurgien. Mais l'histoire qui revient le plus souvent est probablement la plus sûre : elle serait partie vivre à Paris avec une femme. La tête de Baptiste apparaît entre deux volets du premier étage, sa voix est traînante comme s'il venait de se réveiller :

– Salut, passe par la cuisine, c'est ouvert.

La cuisine sent un mélange de propre et de beurre brûlé. Le lave-vaisselle tourne et dans l'évier trempe un polo blanc. Tous les volets sont fermés. Solène monte l'escalier dans la pénombre. Quand elle entre dans la chambre, Baptiste est à la fenêtre. Il vient d'allumer une Marlboro gold. Solène l'embrasse et attrape une cigarette. Elle cale son dos contre le torse de Baptiste. Ils restent comme ça un moment. Baptiste écrase le mégot de Solène sur le rebord de la fenêtre puis ferme les volets. Ils s'embrassent d'abord près du bureau. Baptiste tient les fesses de Solène à pleines mains. Les deux corps atterrissent rapidement sur le fauteuil. C'est assez inconfortable à cause des roulettes et de la rotation de l'assise. Quand Baptiste entraîne Solène sur le lit, elle lui demande d'éteindre la lumière. Il s'exécute. Elle a peur. À quel moment vont-ils se déshabiller ? Doit-elle prendre les devants pour ne pas risquer de passer pour une coincée ? Tout va très vite. Baptiste ôte son polo. Elle ose à peine caresser sa peau nue, les pectoraux glabres et les trapèzes parfaitement dessinés. Elle enlève son tee-shirt mais reste en soutien-gorge. Ça ne dure pas longtemps. Baptiste dégrafe l'attache et malaxe ses seins tout en les maintenant contre son torse. Contrairement aux autres fois où sa respiration de chien fou haletant la gênait, Baptiste est empreint d'une gravité, d'une solennité quasi religieuse. Quelque chose va arriver. Il faut bien en passer par là. Elle fait glisser son short en jean le long de ses cuisses. Baptiste fait de même, plus maladroitement. Ils se regardent droit dans les yeux, n'osent pas poser leur regard sur leurs corps presque dénudés. Il ne reste que le caleçon et la culotte. Baptiste d'une voix blanche, presque tremblante, lui murmure à l'oreille :

– On se met sous les draps ?

Solène lâche enfin le mot qu'elle n'ose pas prononcer depuis qu'ils sont sur le lit :

– Faut faire attention. Tu as des préservatifs ?

Baptiste passe sa main sous l'oreiller et sort deux emballages carrés bleu nuit. Il se glisse sous le drap en coton et ôte son caleçon. Solène enlève fébrilement sa culotte. Baptiste lui tourne le dos et déchire un premier emballage. Ses mains tremblent, il n'arrive pas à enfiler le préservatif sur son sexe. Il retient à peine son exaspération. Il prend le deuxième préservatif, ce sera le bon. Il jette un œil furtif vers l'entrecuisse de Solène. Il se poste sur elle. Son sexe vient buter contre le pubis. Il semble surpris pas la dureté des poils. Il essaie à plusieurs reprises de la pénétrer sans succès. Solène est en attente et ces échecs de pénétration successifs la détendent. Le silence est cependant intimidant. Elle ferme alors les yeux, s'arme de courage et guide le sexe de Baptiste jusqu'à l'entrée du sien. Elle entend aussitôt un râle suivi d'un silence.

Solène est soulagée. Elle pose les mains au niveau des tempes de Baptiste et sort cette phrase toute faite et éculée, entendue dans un nombre incalculable d'histoires, de films qu'elle n'a pourtant pas vus, comme si c'était inné, des mots inscrits dans l'ADN féminin, légués par l'histoire des hommes depuis des siècles, cette même phrase que l'on sert aussitôt pour regonfler sa virilité fragilisée :

– C'est pas grave, ça arrive.

Elle se sent un peu bête. Baptiste reste un bon moment prostré en chien de fusil avant de se diriger vers la fenêtre. Il ouvre les volets et allume une clope. Sur la table de nuit, Solène regarde le préservatif au repos, mou comme un tube à essais fondu, abritant un liquide blanc et vitreux semblable à une salive épaisse ou un blanc d'œuf battu.

Des grappes d'élèves se précipitent vers la vitrine. Le principal du collège flanqué de la secrétaire Mme Gendron a ouvert le cadre en verre et s'apprête à punaiser deux grandes feuilles A3. Ce qui intéresse les élèves les plus excités, ce n'est pas de savoir s'ils ont ou non le brevet. Ils l'ont de toute façon, grâce au contrôle continu. Il est important pour eux d'avoir une mention très bien. Solène fait partie de ceux-là. Elle n'était pas inquiète mais sa mention est vécue comme une victoire. Margot s'en tire avec une mention bien. Baptiste également. Le proviseur annonce fièrement que le taux de réussite est de 93,3 %. Quarante-deux élèves sur quarante-cinq sont diplômés, avec six mentions très bien et quatre mentions bien. Le Yams fait partie des trois élèves ayant échoué. Il s'en doutait et n'en a rien à foutre : en septembre il aura seize ans et commencera à bosser chez son père comme apprenti couvreur.

Baptiste demande l'attention du petit groupe présent autour de lui :

– Après-demain, j'organise une grosse teuf à la maison.

– Mercredi ? Tu peux pas faire ça un autre jour ? Y a le feu d'artifice au plan d'eau.

– T'es sérieuse, Margot ? Chaque année c'est tout naze, en plus ils n'ont plus le droit de vendre de l'alcool. Pis j'ai pas le choix, mon père est à Orléans ce jour-là, il revient le lendemain.

Solène se demande comment convaincre son père après ce qui s'est passé à la Saint-Jean. Sans compter que, s'il accepte, son père ne voudra jamais venir la récupérer après minuit. Solène attrape la main de Baptiste et lui vole sa cigarette. Elle n'a pas vu que la Clio était garée juste en face du collège Elle tire une taffe nerveuse quand elle aperçoit Théo qui lui fait signe, adossé contre la portière de la voiture. Comme si elle était prise en flagrant délit par son père, Solène lâche la cigarette, qui lui brûle l'index en tombant.

– Putain, ma clope, So, j'en ai plus que deux. Alors tu fais quoi ? Tu viens avec nous ? Dylan propose une rivière party pour changer.

Solène tente de masquer sa gêne :

– Non, je dois y aller.

Baptiste tourne la tête et jette un regard méprisant vers Théo. Dylan s'en mêle :

– Allez, Solène, viens avec nous. Tu vas quand même pas partir avec le joueur de djembé ? Fais gaffe, Théo, si tu veux la garder, t'as intérêt à mettre des sarouels et tuer ton coiffeur.

Solène s'éloigne des rires et traverse la route sans un mot. Théo remonte dans la Clio avant d'accueillir Solène :

– Alors comme ça, tu fumes ? J'espère que t'as une mention très bien pour contrebalancer ton délit ?

– Steup, tu promets, tu le dis pas à mon père ?

– Quoi ? La mention ou la fumette ? Tu m'aides à cueillir les haricots cet aprèm et je resterai muet comme une carpe.

– Encore les haricots ? T'es sérieux ?

– Mais non, je déconne.

– Je veux bien t'aider mais pas un truc relou où on se baisse tout le temps.

– Je vais aller sur le toit, tu me tiendras l'échelle.

Théo baisse les vitres arrière. Depuis quelques jours, la chaleur sèche est de nouveau là. Un bleu très dense, presque cobalt, a envahi le ciel. Solène, encore contrariée par la réflexion de Dylan, n'est pas loquace. Comme à son habitude, Théo rompt le silence :

– On fait croire à ta mère que t'as foiré l'examen ? OK ?

– Mouais, si tu veux, mais tu sais, de un elle s'en fout de mes notes, de deux j'avais déjà mon brevet grâce au contrôle continu, de trois, c'est pour ça qu'elle s'en fout de mes notes.

– Elle a bien raison de s'en foutre, l'école vous prépare pas du tout à la décroissance mais à un monde qui sera obsolète dans dix ans.

Solène ne comprend pas toujours ces enjeux d'avenir quoiqu'elle se demande pourquoi personne au collège, ni les élèves, ni les profs, ne parle de l'effondrement imminent avec autant d'inquiétude que Théo ou son père. Ses professeurs ont bien dû évoquer quelquefois Venise qui s'enlise ou la Grande Barrière de corail blanchie par le réchauffement climatique. Ils lui ont sans doute parlé de la disparition de certaines espèces ou de la fonte accélérée des glaciers au Groenland. Tout ça ressemble à un conte lointain ou une histoire pour faire peur aux enfants. Les rares fois où le sujet est mis sur la table, Baptiste dit qu'il y a toujours eu des canicules, qu'à Saint-Raphaël le niveau de la mer est le même d'une année sur l'autre. Il prend alors l'exemple du glaçon qui, lorsqu'il fond, ne fait pas déborder le verre. Margot n'est pas mieux que les autres, avec sa théorie sur la pollution créant des anticorps. Leurs parents ne sont pas les derniers à relativiser : sachant que quatre-vingt-dix pour cent du plastique déversé dans les océans provient des rivières d'Asie, d'Afrique et d'Amérique du Sud, on peut bien continuer, sans trop culpabiliser, à organiser des lâchers de ballons dans toutes les kermesses de France pour se souhaiter de bonnes vacances d'été.

Solène regarde le ciel uniformément azuré. À mi-parcours entre le zénith et l'horizon, son œil est attiré par deux traînées blanches comme de la craie, qui forment des droites sécantes et griffent la pureté du bleu :

– Chelou cette trace de nuage, non ?

– C'est pas vraiment des nuages. T'as jamais fait gaffe ? C'est le tracé que font certains avions, mais pas tous.

– Pourquoi pas tous ?

– C'est des chemtrails. Je vais te raconter un truc dingue. T'as déjà entendu parler du 11 Septembre ? Tu sais, les tours jumelles qui s'écrasent comme un château de cartes ?

– C'est bon, je suis pas totalement teubée.

– J'ai pas dit ça. C'est d'ailleurs étrange qu'une construction puisse s'écrouler aussi vite mais passons. Après le drame, plus aucun avion n'a circulé dans le ciel pendant trois jours. Et dans certaines régions, certains pays, les gens ont découvert un ciel nettoyé de toutes traînées blanches. Des curieux se sont penchés sur le sujet et…

– Et ? Plus d'avions, plus de traînées ? C'est simple non ? Pas besoin d'avoir bac + 12.

– Non, c'est pas si simple. On a noté à ce moment-là un écart de température de 1,35 °C par rapport aux prévisions météo.

– La météo se plante tout le temps, mon père dit que Pleinchamp joue ses prévisions à am-stram-gram.

– Non, là c'est vérifié scientifiquement. Il se pourrait, on en est presque sûr, que les gouvernements tentent de maintenir le climat artificiellement, ce qui ne ferait que l'empirer.

– C'est possible, tu crois ?

– En tout cas y a pas mal d'associations dans le monde qui s'unissent pour dénoncer ça. C'est super connu. En France, il existe l'assoce Évidence. Elle lutte aussi contre les vaccins parce qu'ils sont souvent dangereux pour la santé. Quand tu vois les scandales de l'amiante, de la vache folle, des hormones de croissance ou des OGM, y a de quoi être méfiant.

– Les chemtrails c'est du pipi de chat à côté.

– Ben non. Y a pas que ces histoires de contrôle du climat : le fait que les avions ne fassent pas toujours de traînées tendrait à prouver qu'il s'agit d'épandages puissants, chargés de métaux lourds comme le baryum ou l'aluminium. Il s'agirait peut-être d'essais militaires en prévision d'une guerre chimique. C'est aussi pour ça qu'il y a plus de cancers, de maladies, d'infertilité. Pas uniquement à cause de ce qu'on trouve dans notre assiette malheureusement. D'ailleurs, tu sais ce qu'il dit Gaspard Steiner sur la nourriture industrielle ?

– Non ? Balance si c'est pas trop long.

– Quand on passe à table, au lieu de se souhaiter bon appétit, on ferait mieux de se souhaiter bonne chance.

La Clio entre dans la cour comme propulsée par les rires. Solène est impressionnée par les connaissances de Théo. Elle aime son regard doux et en même temps profond, comme s'il pouvait la percer à jour. Par moments, elle se demande ce qu'elle fout à traîner avec des gamins du genre de Baptiste et Dylan.

La grande échelle est posée contre le mur de façade, à même le crépi effrité. Solène pousse des deux bras, les mains agrippées au quatrième barreau. Il lui est difficile de regarder longtemps le dos nu de Théo sans être aveuglée, un rayon de soleil venant frapper l'arête du toit. Théo est à plus de trois mètres du sol, il lui parle sans se tourner vers elle :

– Y a de sacrés trous. Si on compte les tuiles fendues, il en faudrait une trentaine de rechange, je ne suis pas sûr qu'on en ait autant au garage. Et puis faudrait penser à mettre des gouttières. Ça serait pas du luxe.

Théo passe la main sur quelques tuiles puis commence sa redescente, très lentement. Arrivé au niveau de la lucarne maçonnée, son pied part soudain dans le vide, son corps dévisse un quart de seconde, le temps du cri d'effroi que lâche Solène. Théo est maintenant suspendu par les mains à la pierre de taille de la lucarne, à deux mètres cinquante du sol. Il ricane tout en prenant appui sur le haut de la porte :

– Ah ah ah, t'as eu les boules, hein ? T'inquiète, j'ai fait exprès. En acrobatie, j'ai fait des cascades bien plus impressionnantes.

Marion sort immédiatement de la maison :

– Mais qu'est-ce que vous faites ? Théo, t'es fou ? J'ai pas envie de retourner aux urgences.

Théo se laisse tomber droit comme un danseur de ballet. Il atterrit gracieusement par terre, le mouvement et la fluidité de ses genoux lui donnent des allures de chat ébouriffé. Il reprend vite son souffle et s'adresse à Marion :

– Pas d'inquiétude, pour un circassien c'est la base : l'équilibre et la réception. Sinon bonne nouvelle, je vais pouvoir réparer cette partie du toit. On va compter les tuiles qui sont dans le garage.

Marion semble sceptique :

– Les vieilles tuiles à droite de l'établi ? Elles étaient là avant qu'on arrive.

– Elles sont en super état, faut juste s'assurer qu'il y en a assez.

Solène est tout excitée à l'idée de bricoler :

– Maman, tu viens avec nous pour le toit ?

– Non, ma chérie, Gabin tourne en rond depuis ce matin, on va aller se balader près du bois et après on ira s'occuper des poulets. Théo, Jérôme va rentrer tard des champs, tu me rejoins vers 17 heures. Y a le camion de Biolait qui doit débarquer.

Gabin apparaît derrière sa mère, une main crochetée à sa hanche, déséquilibrant Marion, l'autre tenant un bâton qui lui arrive au niveau du ventre. Il la lâche et se met à marcher avec vivacité dans la cour, tout en frappant son bâton contre le sol, comme s'il voulait chasser les graviers :

– Allez, maman, tu te dépêches ? On y va. Hé, oh, Solène, tu sais quoi ? Nous on va chasser les renards dans le bois.

Solène regarde son frère s'éloigner puis suit Théo en direction du garage. Ils poussent la vieille porte sèche et charbonneuse qui résiste un peu, laissant un maigre espace pour entrer. Théo appuie sur un gros interrupteur carré laissant apparaître sous le plafonnier blanc en céramique une ampoule LED. La lumière diffusée à la fois crue et imprécise le fait bondir :

– Putain, c'est l'horreur ces ampoules.

– Au moins, ici, on est au frais.

Leurs yeux s'habituent rapidement à l'éclairage. Théo enfile son tee-shirt et avance dans le garage suivi de Solène. On circule difficilement dans cet atelier où sont entreposés des vieilles chaises en paille, une tondeuse à gazon, de grandes bassines en plastique ou des rouleaux de grillage. À droite de l'établi, on devine des rangées de tuiles entreposées sous une couche de poussière contre lesquelles des vélos sont appuyés. Solène saisit le guidon d'un VTT aux roues dégonflées. En le poussant péniblement sur le sol de dalles terreuses, elle glisse sur le coin poli d'une pierre et tombe avec le vélo :

– Aïe, quelle nulle. Punaise, la pédale m'a défoncé le tibia.

– Ça va ? Laisse, je vais bouger les vélos.

En disant ça, Théo lui tient l'extrémité des mains pendant quelques secondes. Solène sent un courant lui parcourir le ventre et remonter jusque dans la gorge. Théo soulève un premier tas de tuiles puis le repose immédiatement :

– Il nous faudrait une brouette, on va pas se les trimbaler comme ça jusqu'à la grange.

Le visage de Solène s'éclaire d'un coup :

– Tout au fond, regarde.

Bloquée entre des amas de poutrelles en bois et un grand tonneau en métal, on devine posée contre le mur de gauche une brouette aux brancards rouillés. Solène et Théo se fraient un chemin dans le bric-à-brac, écartant de leur passage des paniers en osier remplis de bocaux noircis par la crasse, un fauteuil en rotin et un sommier éventré. Théo pousse le tonneau tandis que Solène attrape les poignées de la brouette et la fait rouler sur un bon mètre. La roue vient alors se crocheter sur le pied d'une table en formica :

– Argh, c'est chiant aussi tout ce bazar.

Théo se rapproche de Solène, se baisse légèrement et pose ses deux mains autour de son cou :

– Hé, cool, Solène, y a pas d'urgence, il pleut pas.

Ça vient comme ça d'un coup, sans prévenir, comme un fou rire impossible à contenir ou un sanglot : Solène embrasse les lèvres de Théo, à pleine bouche, se mettant sur la pointe des pieds, respirant fort sa peau de poivre et d'huile végétale, une odeur étrange mais pas désagréable. Théo cherche brièvement à se dégager et, quand il sent la main de Solène passer dans le creux de son dos, il se rapproche. Cette fois, c'est lui qui jette sa langue pressée et attrape le bas du dos. Solène sent sa force, son haleine caféinée, sa musculature franche et apaisante. La main de Théo descend progressivement vers le creux des fesses jusqu'à se plaquer sur le coton bleu de son short.

Chaque millimètre, chaque avancée de bras, de torse, de peau procurent à Solène une onde ou un flux qui envahit son corps et parasite un instant son cerveau. Un instant seulement. Apparaissent Baptiste ou son père par flashes. Elle prend peur. Rapidement elle s'écarte, gênée plus que troublée. Théo lui sourit, le même sourire que d'habitude. Il lui dit d'une voix douce et assurée :

– Allez, on a du boulot, nous.

Ils chargent les tuiles dans la brouette, constatent qu'il faudra faire deux voyages. Solène est presque soulagée : il ne s'est rien passé.

24

Les murs de la chambre sont du papier à cigarette. C'est ce que Jérôme répète toujours. Il dit que la maison est mal foutue, qu'ils n'ont pas d'intimité. Il s'est réveillé à 6 heures, avec une migraine atroce. C'était tellement insupportable qu'il avait l'impression qu'une aiguille à tricoter s'enfonçait dans ses sinus. Il s'est retourné dans son lit en maugréant, si bien qu'il a fini par réveiller sa femme. Marion avait à peine bâillé que Jérôme embrayait déjà sur la soirée de la veille. Il parlait à voix basse, s'agaçant et chuchotant comme s'il se grattait la gorge. Le dos relevé et l'arrière du crâne enfoncé dans le duvet matelassé de la tête de lit, il levait l'index nerveusement :

– Oser dire tout ça, sous mon toit en plus. Quel petit con ! Je vous en veux vraiment.

– Putain, Jérôme qu'est-ce qui t'arrive ? T'es encore saoul ou quoi ?

– C'est facile. Y avait personne pour me défendre. Je sortais des évidences, et vous, vous étiez là à le regarder comme s'il était le messie, à remettre mes paroles et mes connaissances en doute. C'est même notre choix de vie qui était critiqué, je te signale.

– Jérôme, calme-toi, on entend tout.

Cette dernière phrase a toujours eu un effet immédiat sur Jérôme. Il veut bien crier, jurer, faire de grands gestes, postillonner, les yeux exorbités, mais il faut que cela reste entre eux, loin des autres, des parents, des voisins et des rares amis qu'ils ont. Jérôme peut se mettre dans des colères terribles en quelques secondes. D'ailleurs, Solène et Gabin ne savent jamais à quoi s'attendre et redoutent souvent un départ de flamme dès le premier haussement de ton.

En sortant de sa chambre, Théo a fait grincer la porte, ce qui a stoppé net la voix colérique et étouffée de Jérôme. Il y a eu les bruits de pas dans l'escalier, un arrêt dans la cuisine, sans doute vers la cafetière, puis le son des bottes sur les graviers de la cour.

Théo doit être maintenant dans la salle de traite. Jérôme reprend alors son monologue d'une voix nettement plus timbrée :

– Il s'est foutu de ma gueule. Vous vous êtes tous foutus de ma gueule. Putain, je bosse comme un con et j'ai quoi en retour ?

– Jérôme, arrête maintenant, vous aviez bu tous les deux. T'es chiant !

Jérôme ne peut pas dire le contraire. Hier soir, la bouteille de cognac y est même passée. Depuis la mort de Patureau, il restait pourtant les trois quarts de la bouteille. Quand Jérôme est arrivé à la maison, il était plutôt de bonne humeur. Il n'avait plus aucun champ à moissonner. Son énorme machine high tech allait enfin rejoindre le tracteur et le semoir sous le hangar. Dans une semaine, il conduirait Marion à l'hôpital pour un dernier examen. On lui enlèverait les fils et tout rentrerait dans l'ordre.

À 19 heures, la table était mise, baignant sous le soleil déclinant, côté jardin. Le barbecue maison, fabriqué à partir d'un bidon à huile coupé en deux, fumait. Marion et Solène étaient à la cuisine. De la fenêtre s'échappaient des bruits de placards et d'essoreuse à salade. Théo était déjà à table, assis sur l'un des fauteuils en plastique blanc. Il portait lentement à ses lèvres le goulot d'une bière artisanale ambrée. À côté de lui, Gabin s'efforçait de le dessiner : le torse nu avec un gros rond noir à la place du nombril, des cheveux jaunes dont les boucles insistantes saturaient le papier d'encre et des yeux aux iris vert fluorescent semblables à ceux des serpents. Il avait posé sa feuille entre deux assiettes et des feutres se baladaient un peu partout sur la table. Dans un premier temps, Jérôme agacé par la posture relâchée de Théo a fait une remarque à Gabin :

– C'est quoi ce bazar ? T'as les mains toutes dégueulasses, pleines de feutre. Gabin, c'est vraiment pas l'endroit ni le moment pour dessiner. Tu me ranges tout ça et vite.

– Mais maman elle a dit oui. Alors j'ai le droit.

Marion a crié depuis la cuisine :

– C'est vrai, Jérôme, je lui ai dit oui, le temps qu'on apporte le repas, ça l'occupe, il est affamé.

Marion est apparue à côté de Solène avec dans les bras un grand saladier en terre cuite. Jérôme était un peu piteux d'avoir fait le rabat-joie alors que l'air était doux, le repas prêt, et que tout le monde semblait détendu. Théo s'est levé tout en s'adressant à Jérôme avec enthousiasme :

– Je vais chercher une bière, t'en veux une, Jérôme ? Elles sont bien fraîches. Reste tranquille, on s'occupe de tout, profite.

Jérôme a proposé de déboucher une bouteille de vin pour fêter la fin des moissons. Il semblait rasséréné par la perspective d'un dîner dans le jardin, les pieds nus dans l'herbe, buvant son verre de rouge, le regard perdu vers les champs et les bois. Quand Théo a déposé les grillades composées d'épis de maïs et de brochettes d'aubergines, Jérôme a laissé transparaître une légère déception :

– Toute cette belle braise et pas une saucisse ? Pas même une cuisse de poulet ?

– Mon chéri, Théo a raison, on mange trop de viande, faut penser à la planète.

– Oui, je sais, vous m'apprenez rien, mais une fois de temps en temps on peut quand même faire une exception, surtout quand on allume un barbecue.

Jérôme a pris sur lui. Marion n'a pourtant aucune leçon à lui donner : contrairement à elle et Solène, il n'est pas drogué aux achats compulsifs. Lui ne met jamais les pieds au centre commercial de Saint-Arbord. Lui n'a pas de compte Amazon. Il porte toujours les mêmes fringues, les mêmes chaussures, il n'a pas pris l'avion depuis plus de dix ans, ne mange que des produits de son jardin et a toujours son vieil ordinateur qui met un temps infini à s'allumer. Il sait très bien qu'on ne peut pas gagner sur tous les tableaux, que la décroissance ne pourra se faire que si on accepte de déplacer les plaisirs, de renoncer. Mais il vaut mieux se faire griller une côte de porc de temps à autre plutôt que donner à moult reprises des conférences d'une heure à l'autre bout de la planète, comme le fait Gaspard Steiner.

L'embellie aura quand même duré tout le repas. La bonne humeur a bien failli être balayée une première fois quand Théo s'est mis à parler des respirianistes, ces gens qui prétendraient vivre sans ingérer d'aliment ni boire une seule goutte d'eau. Ces étranges phénomènes qui se nourriraient essentiellement de lumière. Jérôme riait sous cape tandis que Théo affirmait qu'en Inde, un certain Hira Ratan Manek, un ancien ingénieur, avait cessé de manger pendant cent trente jours sous contrôle médical, ou encore Michael Werner, un Allemand, docteur en chimie, qui aurait réussi à prouver la possibilité du jeûne prolongé lors d'une expérience ultra-surveillée dans un hôpital suisse en 2001. L'être humain serait sans doute capable de photosynthèse, se nourrissant uniquement de lumière, comme les arbres ou les plantes. Jérôme a alors lâché que l'homme était un bégonia comme les autres mais ça n'a fait rire personne. Après cette intervention ratée, il a laissé Théo faire son numéro de savant. Marion a apporté le dessert tandis que Jérôme est allé chercher une autre bouteille de vin. Pendant que Gabin saupoudrait généreusement ses fraises de sucre de canne, la discussion a dérivé sur les intolérances au gluten. Solène en a profité pour placer l'histoire de la hauteur des blés actuels, raccourcis avec des hormones. Cette connaissance soudaine a surpris son père. Théo a ajouté que les modifications génétiques étaient pour quelque chose dans notre difficulté à assimiler le gluten moderne. Sans parler des additifs présents dans les farines sans que le consommateur en soit informé. Petit à petit, le visage de Jérôme s'est fermé et il a expulsé un souffle chargé de scepticisme :

– Oui, ça reste à prouver.

La phrase est sortie toute seule, comme s'il pensait à haute voix. Théo fut surpris par l'intervention soudaine de Jérôme, sans être pour autant déstabilisé :

– C'est prouvé. Dans les années 50, y avait pas ce problème. Quand on voit aujourd'hui le nombre de gens intolérants au gluten, c'est criant de vérité.

Jérôme a alors enchaîné avec un niveau de voix nettement supérieur, plus médium, plus agressif :

– Aujourd'hui, il y a au contraire beaucoup moins de protéines et donc de gluten dans le blé. Faut quand même pas raconter n'importe quoi. L'intolérance au gluten, c'est de la mythomanie. Comme l'électro-hypersensibilité et tous ces dingos qui ont des nausées ou des sensations de brûlure dès que tu allumes un portable.

– Calme-toi, chéri, on discute. C'est vrai qu'avant les gens étaient moins malades, tu vas pas dire le contraire ?

– Je te parle pas de ça, Marion. Y a plus de cancers qu'avant évidemment, me faites pas plus con que je ne le suis. Ce qui rend les gens malades, c'est les produits ultra-transformés avec tout ce qui va avec, la malbouffe, les sodas, les pesticides et la cigarette qui, au passage, est quand même bien plus cancérigène qu'une baguette de pain bio de chez Lidl.

Jérôme a fortement insisté sur le mot cigarette, fixant sa fille dans les yeux, ignorant un instant le reste de la tablée. Même si Solène a l'habitude de recevoir des messages subliminaux de la part de son père, elle les vit toujours comme des attaques culpabilisatrices. Gabin n'avait pas fini ses fraises depuis cinq minutes qu'il commençait déjà à se tortiller sur les genoux de sa mère :

– Allez, Gabin, les dents et au lit, t'es crevé là.

– Mais je suis pas fatigué, on reste encore un peu.

– Non, regarde, tu fais ton ver coupé depuis tout à l'heure. Et puis moi, je suis bouffée par les moustiques.

– Alors une histoire.

– T'es grand maintenant, tu peux lire tout seul.

Marion et son fils ont quitté la table avec dans leur sillage Solène qui emportait les assiettes et les couverts à la cuisine. Jérôme s'est levé à son tour afin de rassembler les verres, la sauce de la salade et le sel. Ses gestes semblaient moins assurés qu'au début du repas. Profitant de ce que sa femme était loin, il s'est tourné vers Théo, qui regardait la bouteille avec résignation :

– Y a plus de vin, un p'tit cognac à l'intérieur ?

Il n'y avait pas beaucoup de douceur dans sa voix et d'ailleurs Jérôme n'avait pas spécialement envie de passer un moment au salon avec Théo. Mais la conversation lui avait tellement rigidifié le cou et la mâchoire qu'il lui fallait bien une caution amicale pour boire de l'alcool. Il avait les nerfs à vif, comme si on lui avait brossé la peau avec du papier de verre. Jérôme est rentré dans la maison sans finalement se soucier de la table à débarrasser. Il s'est avachi dans le fauteuil. Théo a attrapé le saladier, les verres, puis a filé vers la cuisine. Du salon, Jérôme l'entendait s'affairer autour du lave-vaisselle et devinait les petits rires niais de sa fille. Théo est arrivé quelques minutes après, traversant la pièce comme s'il marchait sur un matelas, chassant du bout des doigts ses boucles de cheveux qui lui barraient la vue. Il avait l'air toujours très détendu, comme si le poids de la vie ne pesait pas sur lui. Jérôme avait déjà servi deux belles doses de cognac dans des verres ambrés qui masquaient la couleur caramel du liquide. Théo s'est assis au milieu du canapé et a levé son verre :

– Tchin ! À la fin des moissons ? Demain, si tu veux, je m'occupe de tout et tu te poses un peu.

– Ça va, Théo, je suis pas si fatigué. J'ai juste de la compta à rattraper mais c'est pas bien méchant. T'en es où avec la coopé ?

– Ben...

– Ils t'ont dit quoi quand ils sont passés ? Ils reviennent quand ?

Théo n'a pas eu le temps de répondre, Marion est arrivée dans le salon :

– Tu m'as pas dit, Jérôme ? T'as rien remarqué en rentrant tout à l'heure ? Ça y est, Théo a réparé le toit. Fini les bassines d'eau quand il flotte. Depuis le temps que ça traînait.

Les yeux de Jérôme sont devenus noirs et minuscules. Elle ne pouvait pas s'empêcher de le rabaisser, de mettre en avant ses manquements. Où était le soutien, la complicité ?

– Tu sais, je troquerais volontiers une journée de moisson en pleine chaleur contre une réparation de toit.

Autour de ses mots s'enroulait une telle morgue que Marion n'a pas insisté. Jérôme a pris une gorgée de cognac sous l'œil inquisiteur de sa femme. Elle n'a jamais aimé l'effet que l'alcool produit sur son mari. Jérôme a toujours bu pour sortir d'un état anxiogène. Les premiers verres le rendent peut-être plus affable, plus tendre ou plus aimant, mais ça ne dure pas. Rapidement, ses yeux semblent se décrocher du nerf optique et ses lèvres savonnent. Son sentiment de persécution et ses troubles de l'attachement sont alors les seuls à le gouverner. Théo s'est décalé vers la droite du canapé afin de laisser Solène s'asseoir à côté de sa mère. Jérôme a repris une gorgée de cognac en aspirant du bout des lèvres. Il a grimacé comme s'il avait avalé une cuillerée de tabasco et repris la discussion :

– Tu m'as pas répondu, Théo ? Elle repasse quand la coopé finalement ?

– Pas avant mercredi de toute façon. Enfin, je dirais plutôt jeudi. Je dois les rappeler. On n'a pas assez de lait, vaut mieux attendre un jour de plus, non ? Sinon on va manquer de lait pour les fromages.

– Mais on s'en fout des fromages, c'est secondaire. Le plus important, c'est la coopérative. Je comprends pas, comment vous avez fait votre compte pour qu'il y ait si peu de lait ?

– C'est pas nous, papa, c'est le parfum de Jourdan. Il perturbe les vaches.

– C'est quoi ces conneries ? De toute façon on va en perdre du fric avec cette chaleur.

Solène a regretté d'être intervenue. Elle était persuadée que cette histoire de parfum convaincrait son père. Jérôme, tout en se grattant la barbe, a rempli les deux verres. Théo s'est adressé à Jérôme en déployant un large sourire un brin forcé :

– Si seulement les coopératives pratiquaient le juste prix. Mais elles sont à la solde des grandes surfaces. Même en bio. Tu sais, Jérôme, tu aurais intérêt à sortir de ce système au plus vite.

– Le bio est en plein essor et tu voudrais qu'on sorte du circuit maintenant ? Tu veux que j'appelle le Crédit Agricole et que je leur dise de s'asseoir sur mes remboursements de prêt ? Rassure-moi, tu comptes pas gérer une ferme un jour ?

– Je te dis pas du jour au lendemain. Mais tu sais bien qu'il y a plusieurs bio. D'ailleurs le label AB, ça reste surtout du greenwashing.

– Du quoi ?

– Du greenwashing, Marion, du marketing vert pseudo-écolo si tu préfères. Y a pas toujours une différence de dingue entre certains bio et les conventionnels. Les uns mettent des intrants chimiques, les autres des engrais certes naturels mais fabriqués de manière industrielle.

– Ah oui, et tu ferais comment, toi ?

Jérôme était fatigué et n'avait plus envie d'argumenter. Il a bien senti qu'il avait tendu la perche qui allait le mettre à terre. En définitive, même s'il était aussi bien renseigné sur les questions environnementales que Théo, même si par curiosité il avait déjà lu des ouvrages sur la permaculture ou regardé quelques vidéos sur YouTube avec des doux dingues qui vivaient plus ou moins en autosuffisance, il fallait bien admettre que dans les écoles d'agronomie, en tout cas celle qu'il avait fréquentée, l'écologie et la culture bio restaient en marge du modèle agricole dominant. Rien ne remplaçait l'expérience dans des fermes plus expérimentales que la sienne. Il savait bien que sans les subventions la grande majorité des fermes déposeraient le bilan en moins de deux. Il était évident qu'il y avait un bio intensif qui marquait peu la différence avec l'agriculture conventionnelle : dépenses identiques en pétrole, en eau, en hypermécanisation. Les circuits courts étant le cadet des soucis des grandes surfaces, qui se fichaient bien du bilan carbone des bananes bio ou du nombre de forêts tropicales qu'il faudrait abattre pour satisfaire des apéros autour d'un guacamole et d'un verre de vin nature dans les bistrots parisiens.

Théo continuait son sermon écolo en roue libre :

– Dans la nature il n'existe pas de sols nus, à part les déserts de sable ou les terres de glace. Alors pourquoi ces champs débarrassés du moindre brin d'herbe ? On tue les sols. Même toi, Jérôme, avec un labour à trente centimètres, tu tasses la terre, tu l'asphyxies.

– C'est vrai, mon chéri, il a raison, il est encore temps de se remettre en question. On apprend sur le tas, c'est normal.

Jérôme semblait abasourdi. Il hésita à prendre la parole mais Théo enchaîna :

– Il n'y a plus de vivant dans les terres labourées au tracteur. Il faudrait revenir à l'écosystème forestier, sans irrigation, avec des microfermes en permaculture. Ici on pourrait, c'est la taille idéale, t'as surtout des petites parcelles. On doit se réconcilier avec la nature, les sols ont plus de valeurs que *La Joconde* ou Notre-Dame. Et puis, enfin, faisons la misère aux banques, on a ce pouvoir-là.

Jérôme était de plus en plus fatigué par cette dissertation au pays des ravis de la crèche. Sa tête était aussi lourde qu'une boule de bowling et son cou aussi mou qu'un chiffon mouillé. Pourtant, le cognac ne l'assommait pas assez. Il entrait dans cette phase où, quand on se fait arracher une dent, la bouche et la mâchoire sont anesthésiées. Ses yeux scintillaient lentement comme les ailes d'un papillon malade et ses mots devenaient durs à mâcher. Jérôme aurait pu opposer bien des arguments à Théo, faire comme les petzouilles qu'il critiquait tant, à savoir revendiquer sa réalité. Mais son cerveau en papier bouilli n'arrivait plus à retrouver le nom de ce fameux intellectuel d'extrême droite dont se réclamait Gaspard Steiner dans ses premiers écrits. Maintenant, Jérôme n'entendait plus grand-chose. Il prenait bien à la volée quelques mots comme collapsologie, désobéissance civile, force astrale, ou encore semences paysannes mais presque aucune phrase complète ne lui parvenait. En tout cas, pas assez pour lui permettre d'amorcer une contre-attaque. Jérôme se sentait caricaturé, diminué, pris de haut. D'un coup, il a violemment renversé la table dans un éclat de verre brisé et s'est mis à hurler :

– T'es qu'un con, un p'tit con. Un p'tit con prétentieux. T'y connais rien et tu m'emmerdes.

La voix pâteuse de Jérôme, déraillant sur chaque fin de phrase, a surpris Marion et Théo. L'ébriété semblait être arrivée d'un seul coup.

– J't'ai jamais senti. Ni ton Steiner qui fraie avec des fachos. Tu savais pas ça, hein ? Il défend les p'tits blonds, comme toi. Je t'en foutrais, moi. Allez-y les babos, cultivez vos orties pour le gourou, on verra quand il faudra nourrir des milliers de réfugiés, vous ferez moins les malins. Merde, fais chier !

Solène était partie se coucher quelques minutes avant sa sortie de route mais Jérôme n'y avait même pas prêté attention. Il a quitté le salon comme s'il avait reçu une décharge électrique, laissant seuls Marion et Théo. Il a grimpé péniblement les escaliers. Il y avait de grandes chances pour que Marion le retrouve dans la chambre, allongé en travers du lit et tout habillé.

Le lendemain, il n'aurait probablement que des souvenirs parcellaires de la soirée avec des flashes, des bribes de mots, de gestes et essaierait tant bien que mal de rassembler ces lambeaux de mémoire arrachés à son cerveau.

25

Des glaçons ovales surnagent dans l'eau froide de la baignoire entre de grandes bouteilles de Coca, une vodka Absolut Raspberri, des bières et des canettes de Red Bull. Solène pousse le loquet et tente de retrouver l'équilibre, expirant de longues bouffées chargées d'alcool. Ça tangue, ça remue de plus en plus chaque minute. Quand elle aura soulagé sa vessie, ça ira mieux. Elle essuie la surface blanche mouchetée d'urine, avec le papier Moltonel. La salle de bains est immense. Chez elle, il n'y a qu'une douche et les W-C se trouvent au rez-de-chaussée. Solène jette un œil sur la collection de parfums. Que des marques de luxe : Dior, Chanel, Guerlain. En se regardant dans le large miroir aux bords biseautés, elle remarque une étagère avec des rouges à lèvres, des crèmes Givenchy et une brosse à cheveux. Mme Faugère est manifestement partie de la maison avec le strict nécessaire, laissant sa voiture, sans doute des livres, quelques robes ou des chaussures à talons. Baptiste a-t-il revu sa mère depuis son départ ? Solène la croisait parfois au tennis. Elle a le souvenir de quelqu'un de distant et raffiné, ce qui lui donnait la réputation d'une femme à poigne. Elle s'habillait d'une manière prude, presque austère. Seule sa coiffure trahissait la possibilité d'un comportement fantasque.

Solène tire la chasse d'eau de l'imposant W-C suspendu. Sur le sol, les motifs des carreaux de ciment lui rappellent les peintures de Vasarely que M. Doucet leur a montrées pour illustrer un cours sur les angles et le calcul des volumes. Elle imagine que les grands hôtels ont ce genre de salle de bains, avec de larges serviettes prune en coton moelleux impeccablement rangées sur l'étagère d'un dressing. Chez elle, les peignoirs bariolés et élimés ne sont pas très confortables. Tout est négligemment pendu à des patères d'écolier que son père a vissées sur la porte.

Elle ouvre la minuscule fenêtre. L'air fait du bien, et pourtant, ça tangue encore plus. Solène ferme les yeux quelques secondes. Des voix fausses et joyeuses venant du jardin couvrent une chanson de Christophe Maé. Elle reconnaît Margot et Dylan qui s'égosillent sur un refrain où il est question de ne pas s'attacher.

Solène a un cafard monstre. Elle l'avait déjà ce matin quand elle a croisé le visage contrit et fermé de son père, attablé dans la cuisine, buvant seul son café. Jérôme a marmonné un bonjour sans regarder sa fille. On aurait dit qu'il cherchait à rentrer le nez dans son mug. Sa mère faisait la gueule et la compta. Théo était sans doute à la salle de traite ou au laboratoire. Heureusement qu'en ligne de mire il y avait cette soirée chez Baptiste. En fin de matinée, Solène avait rejoint Théo au poulailler avec un objectif précis : le convaincre de venir la chercher à la fête vers 1 heure du matin. Son père voulait se coucher tôt et il était hors de question qu'il prenne la voiture dans la nuit. Quand elle s'est approchée de Théo, il remplissait des bassines de graines :

– Hello, Solène, enfin levée ? T'es partie te coucher un peu trop tôt hier. T'as raté un grand moment. Ton père a grave déliré.

– Qu'est-ce qui s'est passé ? J'ai bien vu qu'il y avait une sale ambiance ce matin.

– Ton père m'a insulté, il m'a dit que j'y connaissais rien, que j'étais un facho et plein d'autres trucs sympas. La picole, c'est un vrai sérum de vérité.

– T'es sérieux ? Et vous vous êtes reparlé depuis ?

– Non et puis je m'en fous. J'ai encore une semaine à tirer, et après, à moi la Bavière.

D'un coup, Solène s'est sentie triste. Envahie par une mélancolie poisseuse qui condamne toute énergie. Théo allait partir, elle n'avait pas pensé à ça. Elle resterait seule ici, avec ses parents qui bossent du matin au soir et la privent de vraies vacances. Comme chaque année, Baptiste irait à Saint-Raphaël. Étonnamment, ça ne lui faisait pas grand-chose. Elle le trouvait plus fade qu'avant, influençable et assez immature. Margot passerait le mois d'août dans un camping près de Royan, et ça, ce serait beaucoup plus dur.

– Ce soir, y a une fête chez Baptiste. Mon père veut bien m'y conduire mais j'ai personne pour le retour. Tu me vois venir ?

Solène avait chaussé son sourire minaudeur. Elle avait lâché un petit rire sec à la fin.

– Alors pourquoi tu ne dors pas chez ton petit copain ?

– Arrête, allez, sans blague, dis-moi.

– Le père Faugère n'est pas là, c'est ça ?

– Sinon y aurait pas de fête.

– Je me tâte. Est-ce que c'est bien raisonnable de se coucher si tard à ton âge ? Bon allez, c'est OK, ça me fera prendre l'air.

– Oh, merci, Théo.

Dans un élan d'enthousiasme, Solène a plaqué ses deux mains sur les épaules de Théo afin d'embrasser sa joue, tout en faisant un petit saut sur place. Elle ne s'attendait pas à sentir toute la force de Théo. Il a passé les mains sur le bas de son dos, puis les a descendues sur ses fesses, comme des griffes n'ayant pas l'intention de lâcher une proie. Solène a cherché à se débattre un instant mais, quand Théo a écrasé ses lèvres contre les siennes, elle s'est sentie paralysée. La honte n'était pas loin. Après tout, elle lui devait bien ça. Elle a ouvert la bouche et laissé leurs langues s'emmêler. Elle a pris une grande inspiration par le nez : l'air était chaud. Théo posait une main déterminée sur son sein quand Marion entra dans le poulailler :

– Ah, tu es là, Solène ? Théo, le gars de la coopé est arrivé.

– Déjà ? On avait aussitôt dit début d'aprèm.

– C'est un nouveau, il a l'air super pressé et pas très chaleureux. Bon courage.

Marion avait tourné aussitôt les talons mais Solène avait lu la gêne de sa mère sur son visage : sa bouche était anormalement serrée quand elle parlait et ses yeux ne tenaient pas en place, bougeant dans tous les sens, comme une boule de laine dans un courant d'air. Elle les avait vus s'embrasser, c'est sûr. Solène était sortie honteuse du poulailler et avait passé le restant de la matinée à éviter sa mère, ramassant à toute vitesse les tomates et les courgettes du jardin. À midi, on avait proposé que chacun fasse ce qu'il voulait, en mangeant sur le pouce un reste de quiche ou de salade et des œufs durs. À part Gabin qui pestait, réclamant des coquillettes chaudes et toutes neuves, tout le monde semblait soulagé d'échapper à la pause-déjeuner commune. Solène avait continué de s'agiter seule, faisant du zèle, décrochant et pliant le linge sec. En arrivant dans la buanderie, sa mère l'avait surprise en l'attrapant nerveusement par le bras :

– Qu'est-ce qui te prend avec Théo ? Il a plus de vingt ans, t'es malade ? Et je vais lui en toucher deux mots, je suis furieuse.

– Non, maman, c'est ma faute, lui il voulait pas. Dis rien, je t'en prie.

– Si, je vais lui parler, sinon hors de question qu'il te ramène de la fête.

Le soir après la traite, Jérôme avait prétexté un travail au potager, laissant sa famille dîner seule avec Théo. À table Solène s'était inquiétée de savoir qui la conduirait chez Baptiste. Marion qui n'avait pas décroché un mot depuis longtemps s'adressa sèchement à sa fille :

– Je l'ai redit à ton père, il sait qu'il doit t'emmener. C'était pas gagné, on s'est même engueulés. Après, tu le connais… Il est souvent en retard. À ta place j'irais au potager faire une première piqûre de rappel. Pour le retour, on va voir. Ton père m'a dit qu'il voulait se coucher tôt. Théo, il faudra qu'on se parle tous les deux.

Théo avait sagement acquiescé, le nez plongé dans sa salade de quinoa.

À l'aller, Jérôme avait râlé pendant tout le trajet. Trop de boulot, il ne s'en sortait pas, chaque minute consacrée à autre chose qu'à la ferme avait des conséquences irrémédiables. Il était déjà 21 h 30. Quand Solène est arrivée chez Baptiste, la cour était vide mais on entendait au loin des rires euphoriques et les infrabasses d'une musique nerveuse. Difficile de savoir si ça venait du jardin ou directement de la cuisine. Jérôme est reparti sans faire de commentaires, sans la moindre mise en garde, comme s'il était fatigué de jouer son rôle de père. Sa fille fêterait la fin du collège comme bon lui semblerait, après tout il avait d'autres chats à fouetter. Quand la Clio démarra, Solène passa une dernière fois la main dans ses cheveux et poussa la grille. Pour le moment, la fête avait lieu surtout dans la cuisine et le salon. Sur la grande table, des saladiers étaient remplis de chips orange ou jaune citron. Il y avait des gâteaux apéritifs de toutes sortes, au wasabi ou au bacon. Des gobelets étaient disséminés un peu partout. Sur le plan de travail, on avait disposé des assiettes en carton où venaient s'échouer des mégots, des restes de brownies ou une flaque de canette renversée. Dylan avait apporté la sono de son père : pourvue d'un micro, cette grosse enceinte nomade devint rapidement le centre d'intérêt des plus désinhibés qui, de leurs voix éraillées, couvraient régulièrement la musique en scandant des paroles graveleuses sur des morceaux gentillets de RnB. Il y avait bien plus de monde qu'elle ne l'avait imaginé : une trentaine de personnes dont quelques anciens du collège. Le Yams était posté devant l'évier. Il agitait un shaker au rythme d'un remix vaguement latino. Solène n'a pas trouvé Margot mais a repéré Baptiste et Dylan près du bow-window. Ils buvaient une bière avec les filles qui avaient été l'élément déclencheur de leur premier froid quelques jours auparavant. C'est vrai qu'elles étaient belles. Solène s'est approchée du groupe, c'était rassurant de tenir à la fois une canette et une clope. Elle n'a pas osé embrasser Baptiste. D'ailleurs, il a continué sa conversation comme si de rien n'était. Tous parlaient avec enthousiasme d'une nouvelle série sur Netflix. Baptiste rejouait les scènes tandis que Dylan et les deux filles riaient à pleines dents. Solène aurait bien aimé pouffer comme les autres mais son père avait toujours refusé de s'abonner à la moindre plateforme américaine. D'un œil hautain, les deux filles ont jaugé la robe de Solène. Elle s'est soudain sentie très classique avec son tissu à l'imprimé floral. Une des deux filles, la plus grande, aux cheveux bruns et ondulés, portait une chemise à manches bouffantes, très exotiques et bohèmes comme elle avait déjà vu dans le *Grazia* de Margot. L'autre avait une jupe très courte au motif écossais et plusieurs chaînes dorées retombaient sur ses seins. Alors qu'elle pensait partir à la recherche de Margot, Le Yams s'est approché d'eux en prenant son air de mariole, comme s'il présentait un talk-show :

– Allez, mes belles beautés, tendez-moi vos verres, c'est non négociable, voici le cocktail façon Le Yams : vodka, Red Bull, feuilles de menthe et citron vert. Attention, ça se boit cul sec.

Solène s'est exécutée. Elle a senti une chaleur violente envahir sa gorge, puis le ventre, remontant ensuite jusqu'au palais. Elle a fermé les yeux et les a réouverts seulement à la fin d'une quinte de toux, sous l'hilarité du groupe. Elle avait les joues aussi roses que du jambon premier prix. Ses yeux étaient plissés et humides. Elle a alors entendu la voix de Margot et a quitté les autres sans un regard :

– Putain, t'étais où ?

– Hé, coolos, figure-toi que mon grand frère a débarqué. Du coup mes parents ne voulaient plus que je sorte.

Margot a saisi d'une main hardie une bouteille de whisky.

– Tu me passes les canettes de Coca derrière toi ?

Elle a entraîné Solène vers la rivière qui traverse le jardin des Faugère. Près de la serre en fer forgé, un petit groupe s'était massé. Il y avait parmi eux Enzo et Yanis, les deux geeks inséparables du collège qui détonnaient. Baptiste avait vraiment ratissé large. Les discussions étaient plus calmes et, au loin, il y avait encore un couple à l'abri des bornes solaires, tapi dans les ombres des buis.

Solène et Margot sont restées près de la rivière un bon moment, à avaler des gorgées de whisky Coca à même la canette et à fumer en lâchant les cendres dans l'eau. Quand elles sont revenues vers la maison, toute la bande de Baptiste était au salon, entourant Maxence qui vivait un rare moment de gloire : sur le vieux piano droit désaccordé, il martelait « Million Reasons » de Lady Gaga que les autres soutenaient en chœur dans un anglais très approximatif. Baptiste n'était plus avec les deux filles. Il s'est approché de Solène et l'a embrassée dans le cou. Son haleine avait le goût du métal avec une légère odeur herbacée. Il a tendu son verre à Solène :

– Goûte, c'est un gin to, il est parfaitement dosé.

Agacé par le succès soudain du pianiste qui, de toute façon, ne connaissait pas plus de quatre chansons, Dylan a proposé d'installer la sono dans le jardin.

– J'ai envie de gros son, pas vous ?

Solène, sentant l'alcool gagner du terrain dans ses veines et ses muscles, est montée à l'étage afin de se rafraîchir.

Maintenant elle est là, dans cette salle de bains, intimant à son corps l'ordre de reprendre le contrôle. Si tout à l'heure, en montant l'escalier, elle se sentait encore confiante et lucide, les choses sont un peu différentes : ses membres connaissent des instants d'extrême souplesse et de nonchalance. Une mollesse agaçante. Elle appuie ses deux mains sur le lavabo. Voudrait dormir. L'arrière du crâne semble lesté d'un sac de plomb, faisant dodeliner sa tête de haut en bas si elle n'y prend pas garde. Sans parler de cette chaleur qui dépose sans cesse une fine pellicule d'huile sur sa peau et de son haleine lourde. Solène ne veut pas redescendre tout de suite. À intervalles réguliers, elle passe un mouchoir sur son front et dans son cou, reprend un chewing-gum mais ça n'a pas l'effet escompté. Son corps valse et sa tête s'enfonce dans un coton paralysant. Elle sent une tristesse confuse gouverner son visage. Elle voudrait vomir mais les allers-retours devant la cuvette n'ont rien donné. Les grandes bouffées d'air qu'elle expire par saccades l'aident un peu.

– Solène, t'es là ?

La voix de Baptiste. Depuis combien de temps est-elle dans la salle de bains ? Elle ouvre le loquet et s'effondre dans ses bras. Des tremblements accompagnent ses larmes. Baptiste n'est pas très alerte non plus mais l'abandon de Solène le sort de son atonie éthylique.

– Ça va pas, bébé ? Oh, mon amour ? Regarde-moi dans les yeux. Je t'aime.

Jamais il ne lui avait parlé avec ces mots-là. Il se trouve un peu bête mais un sentiment de supériorité finit par l'emporter sur sa honte. Il embrasse les joues mouillées de Solène, passe sa langue sur ses lèvres afin d'ôter le sel. Il caresse sa nuque, ses oreilles. Elle se laisse faire. Debout, plaquée contre le mur, la langue de Baptiste pénètre une bouche molle, ses mains retiennent les fesses et les cuisses d'un corps presque inerte, comme s'il embrassait une morte. Solène s'abandonne de tout son poids. Baptiste finit par la faire glisser lentement le long du mur jusqu'au sol. Il caresse ses seins, son ventre, passe une main sur sa cuisse nue. Solène ne réagit pas, comme sonnée. Elle ne voit même pas que

Baptiste a déboutonné son pantalon. Il prend alors la main de Solène, la place sur son sexe et provoque des va-et-vient. Baptiste, tout en poussant de courts gémissements, essaie d'entraîner la tête de Solène vers son sexe. Quand il aperçoit ses yeux vides, qui partent en arrière, il renonce. Baptiste finit par plonger sa main dans la culotte en coton. Sans se soucier de la sécheresse des muqueuses, il force l'entrée de son sexe, ce qui réveille immédiatement Solène.

– Aïe, tu fais mal. Qu'est-ce que tu fais ?

– T'aimes pas ?

Solène repart dans une nouvelle crise de larmes. D'une voix traînante, geignarde mais intelligible, elle dit :

– Pardon, je voulais pas. C'est lui qui m'a forcée. Je voulais pas. Crois-moi. Il est mignon mais je voulais pas.

– Qui ça ? Qu'est-ce que tu racontes ?

– Je te dis la vérité. Sois pas jaloux, tu promets ? Je suis sortie avec Théo, celui qui vient me chercher parfois.

– Quoi ? Le bab ? Tu m'as trompé avec l'autre babos ? C'est ça que tu es en train de me dire ? Putain, il t'a fait quoi ? Il t'a touchée ? Réponds, putain.

– Je sais pas, on s'est embrassés.

– Avec la langue ?

– Oui, avec la langue.

– Ensuite ? Il a fait quoi ?

– Je sais pas. Arrête.

– Je veux savoir, il a fait quoi ?
– Il a mis ses mains une fois.
– Où ça ? Putain, réponds, il t'a touchée où ?
– Comme toi, il a fait comme toi.
La voix de Solène tremble.
– Il a touché ta culotte ? Il a mis sa main ?
– Juste sur mon sein, une seule fois.
– Putain, tu t'es laissé faire ? J'y crois pas. Vous avez baisé ?
– Non, rien, juste embrassés.
– Je suis sûr que vous avez baisé.
– Non, je t'assure.
Solène hoquette en disant ça tandis que Baptiste tient ses épaules et la secoue. Il postillonne en hurlant et finit par pousser violemment Solène contre le sol :
– Salope, tu me dégoûtes. Putain, j'y crois pas ! Dégage. Sale pute. Dégage !
Baptiste lance son poing contre l'épaule de Solène. Il se lève et la pousse une dernière fois. Il quitte la salle de bains en donnant un coup dans la porte et laisse Solène à terre, la joue contre les carreaux. Elle pleure quelques minutes, puis se relève. « Connard », elle dit ça presque en chuchotant. Avant, elle pensait que perdre Baptiste serait aussi violent qu'un bras arraché ou une lame de couteau dans le ventre. Finalement, la colère se révèle être un parfait antidouleur. Que Baptiste se barre à Saint-Raphaël, qu'il lui laisse passer son été ici, même si c'est moins enviable. L'an prochain, ils n'iront pas dans le même lycée,

elle sera neuve, rencontrera des garçons de Saint-Arbord et des cantons environnants. Le soir, elle rentrera en car, son père lui foutra la paix et peut-être même qu'en première ses parents accepteront qu'elle aille à l'internat. Alors, il ne restera plus que deux années à tirer. Ensuite, ce sera Paris ou Nantes, elle fera des études de médecine ou de droit. Elle ira loin. Une année en Erasmus, à Londres, à Madrid, bac + 4 ou + 6 avec probablement un tour du monde dans la foulée. Elle fera sa vie dans une des grandes capitales du monde tandis que les autres de sa classe, en bons médiocres, pataugeront à la fac, dans le meilleur des cas.

Des cris s'échappent de la cuisine. Attirée, elle descend l'escalier et découvre Baptiste, entouré d'un petit groupe, qui hurle après quelqu'un. Le Yams et Dylan lui barrent la vue. À qui s'adressent ces cris ? Solène entre dans la pièce et fait un pas sur le côté. Théo est dans la cuisine, une canette à la main :

– Tu poses cette bière. Casse-toi, t'as rien à foutre ici, sale babos. Tu dégages, compris ?

– Calme-toi, je viens juste chercher Solène, ça fait dix minutes que je l'attends. Je t'ai rien fait alors m'agresse pas, s'il te plaît.

– Ouais, « m'agresse pas s'il te plaît ». Je vais t'en coller une, connard de pédophile !

Les mots de Baptiste se tordent dans sa bouche. Ses lèvres se déforment en même temps que ses jambes dansent un twist lent. Il saisit un verre de Coca et le lui balance au visage. Théo, impavide, s'approche de Baptiste, l'attrape par le tee-shirt et le jette à terre. Sa tête vient buter contre un pied de la table mais le choc n'est pas très violent. Baptiste, le regard hébété, évalue la naissance d'une bosse sur le bas de son crâne. Le Yams se précipite immédiatement vers Théo et se poste à dix centimètres de son visage. Ils font presque la même taille mais Le Yams est plus massif avec de larges bras et des épaules épaisses :

– Maintenant tu dégages, on t'a dit. Tu veux qu'on aille s'expliquer dans la cour ?

Solène est adossée contre un grand placard dont elle est incapable de se décoller. Quand Théo lui fait signe de venir vers lui, Le Yams l'oblige à reculer en gonflant démesurément le buste :

– Solène, elle reste là, et toi, tu te casses.

– Écoute, c'est pas toi qui décides et tu…

Théo est poussé violemment et ses fesses heurtent la gazinière. Le Yams a fait comme au volley-ball, avançant la tête au moment de la frappe, dans un mouvement d'amplitude. Tout le monde est maintenant massé près de la cuisine, paralysé par la tension animale qui se dégage de la scène. Le Yams singe à la perfection les dominants avec le corps qui cherche à se grossir comme un chat menacé. Les mêmes postures que son grand frère prend au PMU de Levroux ou dans les fins de soirée au Pacific Club. Théo reste calme. Il se redresse et fait un nouveau signe à Solène qui finalement s'avance lentement vers lui. Le Yams lui assène alors un coup de poing sur le haut de la joue. Théo recule, couvrant de sa main la peau tuméfiée.

– Alors la tarlouze, on a toujours pas compris ?

Le Yams fait mine d'avoir l'ascendant. En réalité, il est soulagé que son adversaire soit pacifiste. Accolés au bow-window, Baptiste et Dylan jubilent d'être dans la bonne équipe. Ils ricanent nerveusement. Margot a rejoint Solène, elles se tiennent les mains et leurs yeux implorent la trêve de la violence. Théo fait comme s'il allait reculé mais au dernier moment il se rue sauvagement sur Le Yams. Il empoigne le haut de son polo et le fait ployer en lui portant un coup puissant au ventre à l'aide de sa jambe en triangle. Le Yams manque de souffle mais il se relève et saisit un tabouret qu'il brandit en hauteur. Théo recule jusque dans la cour et évite de justesse le projectile. Il se rapproche alors du Yams et le frappe une première fois au visage, en pleine mâchoire. Tout le monde est dans la cour, à observer ce spectacle bestial. Solène est en larmes. Avec Margot, elles les supplient d'arrêter. Le Yams jette un œil sur l'attroupement. Son front est trempé et sa joue d'une sale couleur écarlate. Ne voulant pas perdre la face, il fonce vers Théo. Les mouvements rapides forment une masse brouillonne de cheveux déplumés, de coups portés au son mat et profond, de fragments de peau qui se découvrent à mesure que les tee-shirts sont empoignés, froissés ou déchirés. Le Yams tente d'assener un dernier coup de pied hargneux que Théo esquive encore une fois sans oublier de lui renvoyer des crochets précis, sur la tempe ou au plexus. Le Yams trébuche et finit par tomber sur le cul, son visage en sang cogne dans un bruit sourd sur le ciment de la cour.

– Tu te casses ou je te plombe les couilles !

C'est Baptiste qui a crié. Il se tient dans l'embrasure de la porte de cuisine, une carabine semi-automatique à la main, calée dans le creux de son épaule. Théo lève les mains et le supplie de garder son calme, de lâcher le fusil. Le coup part instantanément.

26

Il a hurlé. Un hurlement rauque comme s'il cherchait à cracher le larynx et la trachée. La peau du visage qui se flétrissait, striée de ridules autour des yeux fermés. Du sang se répandait sans doute entre les gravillons mais on ne voyait rien, il faisait trop sombre. Il a gueulé très fort. Il avait l'air sans défense. On aurait dit qu'il était redevenu un enfant, un enfant désarmé qui implore une protection. On aurait dit qu'il allait chialer. Au moment où tous jouaient aux grands, aux adultes qui s'affrontent, se menacent, se jaugent. Au moment où tous jouaient à la guerre et à l'heure grave. Ils étaient maintenant servis, on y était pour de vrai.

27

Jérôme dort profondément. Avec ce feu d'artifice qui n'en finissait pas, il n'a fermé l'œil qu'après minuit. Vers 2 h 30, Marion le remue avec énergie et son corps se met à trembler comme un épileptique l'espace d'une seconde :

– Jérôme, ça a sonné, y a des gyrophares. C'est les flics. Réveille-toi.

À travers les volets ajourés, Jérôme devine la lumière clignotante bleutée. Il enfile en grognant le pantalon et le tee-shirt posés quelques heures auparavant sur la chaise. Marion se lève à son tour. Le temps qu'elle décroche le peignoir dans la salle de bains, Jérôme est déjà en bas. Martinat se tient sur le pas de la porte.

Solène se tient derrière lui, le regard perdu. Pour une fois, Martinat prend un air sincère et désolé :

– Monsieur Wengler, votre fille était chez M. Faugère, il y avait une petite fête ce soir, vous étiez au courant ?

Jérôme aurait préféré rester muet. Qu'on ne lui pose pas de questions. Qu'on crache d'abord le morceau. Qu'on lui dise pourquoi on sonne chez lui en pleine nuit, pourquoi Théo et la Clio ne sont pas rentrés. Pourquoi le mascara de sa fille a coulé le long de ses joues comme un trait grossier tiré au fusain. Les yeux de Martinat changent de direction. Jérôme sent la présence de sa femme derrière lui :

– Bonsoir, madame Wengler. Votre fille est en état de choc, elle doit se reposer.

Solène fonce vers sa mère et sanglote immédiatement dans ses bras. Elle reste muette. Elle aimerait lui dire *j'en peux plus d'ici, j'ai peur, partons à Orléans, partons sans papa.*

Martinat reprend :

– Monsieur Wengler, veuillez nous suivre, votre véhicule est au commissariat avec un individu qui n'a pas ses papiers et prétend travailler pour vous.

– Théo ? Qu'est-ce qui s'est passé ? Il a fait quoi ?

– Pour ne rien vous cacher, on a un blessé par balle. C'est assez grave.

– Quoi ?

– Il est à l'hôpital et quand les pompiers sont arrivés il avait déjà perdu connaissance. Sur place, il y avait pas mal de jeunes en état d'ébriété. Des ados qui n'ont même pas quinze ans pour la plupart. La seule personne majeure à la fête, c'est ce Théo qui travaille pour vous. On reste prudent. Tout est un peu confus pour le moment. On vous laisse enfiler des chaussures et on y va ?

Jérôme suit Martinat et son collègue jusqu'à la Peugeot Partner bleue aux bandes blanches et rouges. Il monte à l'arrière du véhicule. Pendant le trajet, il ne dit pas un mot. Après avoir traversé la clairière dans une nuit noir corbeau, ils arrivent à l'entrée de Levroux. Jérôme connaît bien la gendarmerie, il passe devant tous les matins pour se rendre au collège. Martinat a garé le véhicule dans la cour goudronnée, à côté de la Clio. Malgré les stores électriques baissés, une lumière jaune envahit la vitre opaque de la porte d'entrée. Dans le hall d'accueil se dégage une odeur de propre, de détergent mentholé et de tabac froid, vieux restes d'avant la loi Évin. Martinat ouvre une porte donnant sur un couloir. Théo et Baptiste sont tous les deux assis devant le bureau d'un jeune gendarme à la calvitie prononcée. Martinat prend immédiatement son air autoritaire :

– Alors, on en est où ? Monsieur Wengler, vous confirmez que cette personne travaille bien chez vous ?

Théo a la lèvre bleue et boursouflée. Sa joue est luisante et presque marron.

– Théo, qu'est-ce qui s'est passé ?

Il n'a pas le temps de répondre à Jérôme que Martinat enchaîne :

– Il s'est passé qu'ils ont consommé de l'alcool, beaucoup d'alcool et que le p'tit gars à Gonçalves est à l'hosto. Le plomb est entré dans le thorax.

Baptiste évite les regards braqués sur lui. Théo est ailleurs, groggy et résigné. Le jeune gendarme semble agacé de répéter la même question :

– Bon alors, les deux rigolos, qui a tiré ? C'est toi, Baptiste, c'est sûr ? Tu sais ce que ça veut dire ? Tu reviens pas là-dessus ? T'as tiré sur ton copain et pas sur l'intrus qui est venu se battre chez toi ? C'est bizarre ça ?

À peine Baptiste a-t-il joint les mains sur son visage qu'il fond en larmes. Il dit en sanglotant qu'il n'a pas tiré sur Le Yams. Martinat l'arrête et lui demande de donner le véritable nom de son ami :

– Teddy Gonçalves, j'ai pas tiré sur Teddy Gonçalves. Je ne sais pas ce qui s'est passé, j'ai juste visé par terre, sur les graviers, je voulais lui faire peur pour qu'il s'en aille.

– Faire peur à qui ?

– À lui.

– Lui qui ? Sois précis.

Martinat reste impassible et fermé comme dans les films de guerre des années 60 que Jérôme regardait avec crainte et fascination à la télé quand il avait dix ans. *Le Pont de la rivière Kwaï*, *Les Douze Salopards*, *L'enfer est pour les héros.* Autant de films où les mâles dominants ne sont animés que par le sens du devoir, de l'honneur et de la patrie. L'histoire de Baptiste est simple et les gendarmes la connaissent depuis le début : il a voulu jouer aux cow-boys et le coup a ricoché dans le thorax de Teddy Gonçalves.

– T'es vraiment qu'un p'tit con. Tu vas rester la nuit au poste. La soufflante de ton père, ce sera rien à côté de ce qui t'attend. J'espère pour toi qu'il ne va pas crever le petit !

Martinat fait signe à Théo de se lever :

– On a fait un alcootest à M. Théo, il sentait la bière à plein nez mais il a de la chance, il était en dessous des 0,5. Vous pouvez repartir avec votre véhicule après avoir signé ce papier.

Sur le seuil de la porte, Martinat prend Jérôme à part :

– Vous devriez mieux tenir votre fille. C'est à vous, monsieur Wengler, d'aller la rechercher quand elle sort et pas à une personne que vous connaissez à peine. Elle est d'ailleurs un peu jeune pour faire la fête, non ? Je dis ça…

– J'avais confiance en Théo, il travaille avec moi tous les jours et dort à la ferme.

– Je sais, on l'a interrogé. Il est même pas salarié, je sais pas si c'est très légal tout ça. Bon, en même temps avec vous, les bio, on n'y comprend rien, vous avez toujours des passe-droits.

Jérôme s'apprête à entrer dans sa voiture quand le jeune gendarme chauve apparaît dans la cour. Il a le visage froid et nerveux :

– Le p'tit Gonçalves est mort. L'hôpital vient d'appeler. C'est plus la même chose. Monsieur Wengler, on garde votre employé.

Théo se soumet sans protester. Jérôme démarre sans dire un mot, sans même le regarder.

À mesure que la Clio avance dans la campagne, on voit les yeux phosphorescents des chats qui s'immobilisent dans les fossés et l'instant d'après des ombres décamper dans les taillis. Le quartier de lune forme un glacis sur la végétation silencieuse, accentuant la profondeur de la nuit. Le mois prochain, Jérôme aura quarante-deux ans. Sans doute la mi-temps de sa vie si un cancer, un AVC ou le diabète ne viennent pas stopper le match au moment de la retraite. Qu'aura-t-il fait de ces années à part se plaindre et maugréer ? Qu'aura-t-il fait à part redouter le moindre changement, la moindre déviation d'une trajectoire fantasmée et conçue non pas pour être idéale mais pour être la moins pire ? Il n'a pas beaucoup changé. Aujourd'hui, il est peut-être plus pessimiste, plus renfermé. Qu'aura-t-il appris de ses lectures : Albert Jacquard et Hubert Reeves, Théodore Monod qu'il a tant admiré et qui lui montrait une autre façon de regarder le monde ? Il a beau se rabâcher que la vie passe très vite et qu'à l'échelle du temps l'existence humaine ne représente qu'une feuille de papier à cigarette au sommet de l'obélisque, rien n'y fait. La colère est toujours là. Cette traque perpétuelle du coupable que sa famille se transmet depuis des générations le cheville encore à ses neurones miroirs. Un réflexe pavlovien qui à la fois rassure et pourrit l'existence. Dans trois ans, Solène quittera la maison. Elle ira sur ses dix-huit ans. Quand il a rencontré Marion dans ce pub orléanais, elle n'avait guère plus. Il lui reste à peine trois ans. Hier encore, Solène s'endormait sur son torse en bavant tandis qu'il plongeait son visage dans sa nuque afin de respirer sa chaleur sucrée. C'étaient les rares fois où il prenait le temps de la regarder. Il y a toujours eu quelque chose de plus urgent à faire. Les bégonias à arroser, le linge à étendre, des comptes à boucler. Pas le temps de jouer aux Playmobil Country, d'apporter de l'eau au cheval en plastique dans un minuscule seau marron ou de réparer la poulie qui fait descendre les bottes de paille jaune comme les barrières de l'étable. Pas le temps de s'asseoir à côté du panda, de la licorne et du lapin crétin pour regarder une maîtresse de huit ans écrire des additions impossibles sur le tableau de poupée. Pas le temps de ramasser des violettes, des trèfles à trois feuilles ou des pâquerettes pour les figer délicatement dans un cahier de brouillon à l'aide d'un tube de colle. Pas le temps de porter sous son menton un bouton-d'or. Pas le temps car oui j'aime le beurre, tu le sais bien ma chérie mais j'ai du travail. Pas le temps de lire ensemble *Sacrées sorcières* sur le canapé un dimanche pluvieux. Pas le temps d'applaudir sa fille au premier cross de l'école ou au spectacle de la kermesse de fin d'année. Juste le temps de donner les grandes lignes de conduite et de constater impuissant que les enfants sont de petits accélérateurs de vieillissement. Jérôme a beau savoir tout ça, il fait la même chose avec Gabin. Pas le temps. Il regarde droit devant lui sans jamais détourner la tête. Comme en ce moment même au volant de la Clio. Il se concentre pour ne pas dévier de la route tandis que des flashes s'imposent et résonnent. Tout se mélange : le corps de Patureau allongé dans la terre souillée, l'enterrement et la culpabilité, la moissonneuse et son crédit faramineux. Il pense à ce foutu poulailler, à ses vaches et aux trayeuses qui sont capricieuses depuis quelques jours. Lui apparaît aussi le visage de Marion. Un visage plus jeune, plus allègre. Le même qu'il y a huit ans, quand ils sont arrivés à Levroux. Quand elle le regardait encore comme celui qui a le nez creux, de la détermination et un projet de vie en accord avec ses convictions. Son déclassement était déjà amorcé avant l'accident de Marion. Bien avant l'arrivée de Théo et ses grandes théories de décroissance, Jérôme sentait l'incrédulité s'immiscer dans la voix de sa femme chaque fois qu'il prenait de nouvelles décisions ou parlait d'un nouveau projet. Dire qu'au premier été, il leur arrivait souvent après le dîner de profiter de la douceur du jardin, regardant la nuit fondre sur le bois et les champs de sorgho. On a de la chance. Cette phrase revenait souvent et les moments de tension semblaient plus espacés. À moins que Jérôme n'ait enjolivé tout ça. Peut-être que les dissonances n'avaient pas encore un parfum de défaite. Jérôme passe enfin le portail de la ferme. En roulant sur les graviers, la Clio fait un bruit de gâteau sec mâché. Il n'y a rien à dire sur cette vie agreste où tout est lourd, oppressant. Cette existence anxiogène qui a perdu le sens et la raison. Le monde semble périmé, hors d'usage. Il va pourtant falloir choisir un camp, une direction. À l'heure où il faudrait prendre son courage à deux mains et tout réinventer, Jérôme n'a qu'une envie : aller dans sa chambre et se glisser sous les draps.

Merci

À Aude Marchet et Arnaud Cathrine, sans qui ce livre serait resté à l'état de chimère.

À Alix Penent D'Izarn, Guy Fasolato et Glenn Tavennec pour leurs retours précieux et leur enthousiasme.

À Alice D'Andigné, Léa Marty, Manuel Carcassonne et Justine Levy pour leur regard et leur confiance.

À Michel Bruneau et la ferme Biocousinat, Eddie Ribaudeau, Isabelle Hue et la ferme Bourdoiseau, Véronique Aupetitgendre et la GAEC de l'étang, Martine Chaussé et la GAEC Chaussé à Montlouis, Alexandre François et la ferme de la Paturollerie, Annie et Jean-Claude Marchet, pour les rencontres.

À Éric Caravaca, pour l'excursion sur mes terres d'adolescence et les belles images.

À la mémoire de Camille

Cet ouvrage a été composé
par PCA
et achevé d'imprimer en août 2020
par La Nouvelle Imprimerie Lablleryà Clamecy
pour le compte des Éditions Stock
21, rue du Montparnasse, 75006 Paris

PAPIER À BASE DE FIBRES CERTIFIÉES

Stock s'engage pour l'environnement en réduisant l'empreinte carbone de ses livres. Celle de cet exemplaire est de :
950 g éq. CO_2
Rendez-vous sur www.editions-stock-durable.fr

Imprimé en France

Dépôt légal : août 2020
N° d'édition : 02 – N° d'impression : 007761
4619686/02